企業人力資源管理者
職業生涯發展研究

李沫 著

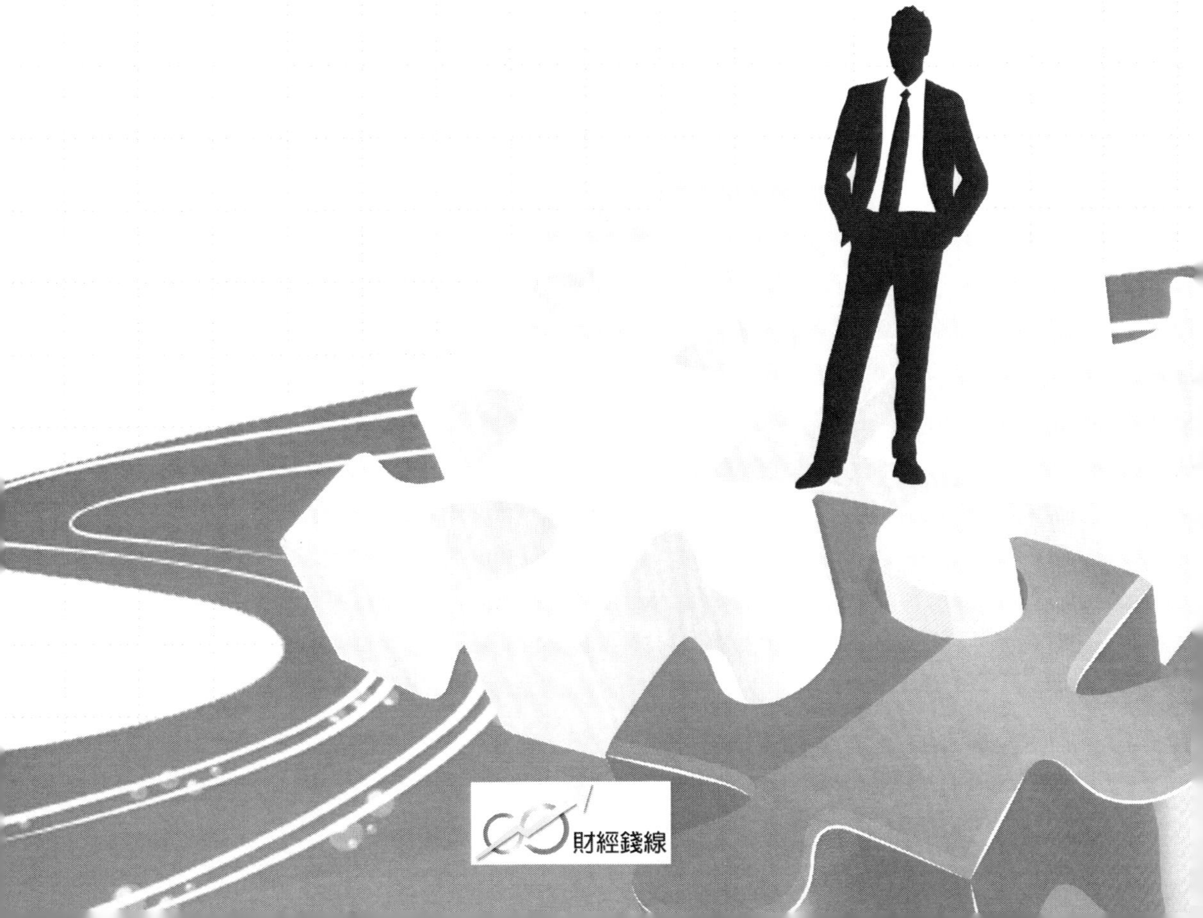

摘　　要

　　隨著企業人力資源管理者角色的轉變以及在企業中地位的提升，人力資源管理者的職業發展的相關問題也受到研究者們的重視。自 Ference 等人（1977）從職位晉升角度研究職業高原以來，職業高原的含義、職業高原的構成維度以及職業高原對員工工作態度和行為造成影響的研究就一直是國內外學術界關注的熱點問題。而縱觀國內外研究領域，還沒有對企業人力資源管理者的職業生涯發展或職業高原的專門研究。本研究認為對企業人力資源管理者的職業高原進行研究是深入瞭解人力資源管理者職業發展的重要方式，其研究成果對企業管理和人力資源管理者職業生涯發展都具有重要意義。

　　本研究的主要學術貢獻包括：第一，根據文獻研究和理論分析，在國內外研究者對職業高原結構進行探索的基礎之上建立了企業人力資源管理者職業高原的四維度結構，包括結構高原、內容高原、中心化高原和動機高原。第二，通過分析企業人力資源管理者職業高原及其構成維度在人口學變量上的差異發現，人力資源管理者職業高原整體在年齡、工作年限、任職年限、學歷、職位和企業性質上存在顯著差異，在性別和婚姻上不存在顯著差異；研究發現人力資源管理者的年齡越大、工作年限越長、任職年限越長、學歷越低、職位越低，其職業高原的敏感度越高。國有企業和民營企業人力資源管理者的職業高原相對外資企業和合資企業較高。第三，通過對企業人力資源管理者的組織支持感、工作滿意度和離職傾向進行調查發現，企業人力資源管理者的工作滿意度處於中上水平，且內部工作滿意度要高於外部工作滿意度；企業人力資源管理者的組織支持感同樣處於中上水平，在組織支持感的四個構成維度中，同事支持感最高，其次為工具性組織支持感和主管支持，情感性組織支持感相對最低；企業人力資源管理者的離職傾向處於中等偏下水平，說明企業人力資源管理者的離職傾向不是很高。第四，通過對人力資源管理者職業高原和工作滿意度、組織支持感、離職傾向之間的關係分析發現，職業高原會對工作滿意度產

生負面影響；組織支持感在職業高原和工作滿意度的關係中起到了部分仲介作用，即在組織支持感的仲介作用下，職業高原對工作滿意度的負面影響會顯著降低；企業人力資源管理者的職業高原對離職傾向產生正向影響，且結構高原對離職傾向起主要的影響作用。實證結果分析顯示，組織支持感在職業高原和離職傾向的關係中未起到仲介作用。除此之外，研究還發現組織支持感和工作滿意度正相關，相關性較強；組織支持感與離職傾向負相關，但相關性不大。

　　本研究對企業管理實踐的價值在於：首先，引起企業管理者，特別是人力資源管理者對職業高原問題的關注，同時，企業人力資源管理者既要重視企業的人力資源管理工作，也要重視自身的職業發展以及職業高原現象。其次，重視並協助人力資源管理者向企業戰略夥伴的角色轉變，例如，通過重新進行工作設計和增加培訓機會幫助人力資源管理者完成管理角色的轉變。最後，探索提高企業人力資源管理者工作滿意度、組織支持感，降低職業高原、離職傾向的有力措施。具體措施可以包括重新塑造企業人力資源管理者的職業價值觀、建立多樣化的職業發展路徑、為人力資源管理者的工作提供必要的工作條件、尊重人力資源管理者個人的需求和價值觀、尊重人力資源管理工作本身、包括企業高管在內的管理人員都需要瞭解並支持企業的人力資源管理工作和人力資源管理者。

　　主題詞：職業生涯發展　職業高原　工作滿意度　離職傾向　組織支持感

Abstract

With the more importance and role changes in human resource management of enterprises, researchers pay more attention on the human resources managers' career development. Since Ference (1977) did the first study of career plateau from the angle of promotion, and then the meaning of career plateau, the dimensions of career plateau, the impact of career plateau to employees' working attitudes and behaviors have being hot issues in the domestic and foreign academic fields. After the preset research of relative fields was summarized, there is few study of career development or career plateau on human resources managers. This paper considers that the study on human resources managers' career plateau is in-depth understanding of human resources managers' career development. The research results have important significance both for enterprise management and human resources managers' career development:

The main academic contributions of this research include: first, based on the documents and theoretical analysis, this paper builds the four dimensions structure model of human resource managers' career plateau, it's including structure plateau, content plateau, centralizing plateau and motivation plateau. Second, through the analysis of human resource managers' career plateau and its dimensions structure differences in demographic variables, it finds out human resources managers' career plateau has significant differences in age, working life, Length of service, education, position and the nature of the enterprise, and has few significant differences in gender and marital status. The human resources managers of the older, the longer working life, the longer the length of service, the lower education level, the lower position have the higher sensitivity on career plateau. The human resources managers from the state-owned enterprise and private enterprises have higher career plateau feel than those from foreign-funded enterprises and joint ventures. Third, the survey on human resources managers' perceived organizational support, job satisfaction and turnover intention find the job satisfaction of human resources manager is in the upper level, and their internal job satisfaction is higher than their external job satisfaction, the perceived organizational support of human resources manager is in the upper level too. And in the four dimensions structure of the perceived organizational support, colleague support is the highest, followed by tool of perceived organizational support and supervisor support, and affective organizational support is lowest. The turnover intention of human resources managers is in the middle and lower level; it means that human resources managers don't want to leave their now organization. Forth, through the analysis of the relationship between human resources managers' career plateau, job satisfaction, perceived organizational support and turnover intention, find that career plateau has a negative impact on job satisfaction, perceived organizational support plays a partial intermediary role between career plateau and job satisfaction, it means that with the mediating effect of perceived organizational support, the negative effects of career plateau on job satisfaction will reduce greatly. Career plateau has a positive effect on turnover intention, and structure plateau has major influence on turnover intention. The empirical results show, perceived organizational support does not play an intermediary role between career plateau and turnover intention. In addition, also find that there is a specific positive correlation between perceived organizational support and job satisfaction, and there is a low negative correlation between perceived organizational support and turnover intention.

Above all, this paper also has high value to the practice of enterprise management. First of all, causes the enterprise managers, especially the human resources managers focus on career plateau problems. Human resources managers should not only pay attention to the human resource management of enterprises, but also pay attention to their own career development and career plateau. And second, pay attention to the change of human resources managers to strategic business partner role, and help them accomplish the transformation. For example, design and increase training opportunities. Last, explore good measures to improve the human resources managers' job satisfaction and perceived organizational support, reduce their career plateau and turnover intention. For example, reshape human resources managers' professional values, establish a diversified career development path, provide necessary working conditions for the HR management, respect for human resource managers personal needs, respect for values and the work of human resources management itself. Including corporate executives, managers need to understand and support the human resources management and human resource managers both.

Key words: Human resources managers   Career plateau   Job satisfaction   Turnover intention   Perceived organizational support

目　錄

1　企業人力資源管理者職業生涯發展的現狀 / 1

1.1　人力資源管理思想的發展 / 1

1.1.1　亞當·斯密關於「勞動力」的思想 / 1

1.1.2　德魯克「人力資源」概念的提出 / 3

1.1.3　舒爾茨的「人力資本」概念以及人力資本理論 / 4

1.1.4　沃爾里奇的「人力資源管理角色」思想 / 6

1.1.5　愛德華·勞勒的「人力資源產品線」思想 / 9

1.2　人力資源管理者的職業化發展 / 10

1.2.1　人力資源管理者職業化發展的趨勢 / 10

1.2.2　中國企業人力資源管理者職業狀態分析 / 13

1.2.3　人力資源管理者：角色的轉變和職業發展路徑的變化 / 14

1.3　人力資源管理者職業高原的研究問題、目的和意義 / 16

1.3.1　研究問題 / 16

1.3.2　研究目的 / 17

1.3.3　研究意義 / 17

1.4　研究的基本原理和相關概念界定 / 18

1.4.1　研究的基本原理 / 18

1.4.2　相關概念界定 / 20

1.5　研究方法、技術路線和主要創新點 / 21

1.5.1　研究方法 / 21

1.5.2　技術路線／22

　　　1.5.3　主要創新點／22

2　企業人力資源管理者職業高原研究理論分析／24

　2.1　研究內容的總體回顧／24

　2.2　職業生涯／24

　　　2.2.1　職業生涯的概念／24

　　　2.2.2　職業生涯發展的研究／25

　2.3　職業高原／26

　　　2.3.1　職業高原的概念／26

　　　2.3.2　職業高原構成維度的研究／28

　　　2.3.3　職業高原的測量／30

　　　2.3.4　職業高原的影響因素研究／33

　2.4　職業高原與結果變量之間的關係研究／37

　　　2.4.1　認為職業高原會對結果變量帶來負面效果的研究／37

　　　2.4.2　認為職業高原對結果變量並非完全帶來負面影響的研究／38

　　　2.4.3　職業高原對結果變量的影響研究結果存在差異的原因分析／39

　　　2.4.4　增加了中間變量的職業高原與結果變量之間的關係研究／40

　　　2.4.5　中國學者對職業高原與結果變量之間的關係進行的研究／42

　2.5　工作滿意度／44

　　　2.5.1　工作滿意度的內涵／44

　　　2.5.2　工作滿意度的測量／45

　2.6　離職傾向／46

　　　2.6.1　離職傾向的含義和相關研究／46

　　　2.6.2　離職傾向的測量／47

　2.7　組織支持感／47

2.7.1 組織支持感的含義 / 47
          2.7.2 組織支持感的測量 / 48
     2.8 本章小結 / 49

3 **企業人力資源管理者職業高原結構的實證研究** / 51
     3.1 企業人力資源管理者職業高原結構維度分析 / 51
          3.1.1 企業人力資源管理者職業發展路徑和職業生涯發展困境
                分析 / 51
          3.1.2 企業人力資源管理者職業高原的構成維度分析和研究假設的
                提出 / 54
     3.2 企業人力資源管理者職業高原量表設計 / 57
          3.2.1 企業人力資源管理者職業高原量表設計方法 / 57
          3.2.2 企業人力資源管理者高原初始量表設計 / 57
     3.3 預調研和問卷的檢驗 / 61
          3.3.1 初試問卷的設計、發放和回收 / 61
          3.3.2 預調研問卷的統計分析 / 63
     3.4 職業高原正式量表檢驗——大樣本數據的收集與處理 / 76
          3.4.1 正式問卷的發放和回收 / 76
          3.4.2 量表信度檢驗 / 77
          3.4.3 量表效度檢驗 / 79
     3.5 研究結果分析 / 88
          3.5.1 研究假設檢驗結果 / 88
          3.5.2 從職業高原構成維度分析人力資源管理者職業高原的
                特點 / 89
     3.6 本章小結 / 90

4 **人口學變量對企業人力資源管理者職業高原的影響** / 91
     4.1 研究目的、研究假設和研究方法 / 91
          4.1.1 研究目的 / 91
          4.1.2 研究假設 / 93

  4.1.3 數據來源與研究方法 / 94

 4.2 企業員工職業高原及各維度的描述性統計分析 / 94

 4.3 人口學變量與企業員工職業高原及各維度的關係 / 95

  4.3.1 人口學變量與企業員工職業高原整體狀態的關係 / 95

  4.3.2 人口學變量與企業員工職業高原不同維度的關係 / 103

 4.4 研究結果分析和本章小結 / 117

  4.4.1 研究假設檢驗結果 / 117

  4.4.2 實證結果分析 / 118

 4.5 本章小結 / 122

5 組織支持感對職業高原和工作滿意度、離職傾向之間關係的影響 / 124

 5.1 研究目的、研究假設與研究方法 / 124

  5.1.1 研究目的 / 124

  5.1.2 研究假設 / 129

  5.1.3 研究工具與研究方法 / 130

 5.2 工作滿意度、組織支持感和離職傾向量表的預調研檢驗 / 130

  5.2.1 工作滿意度量表的預調研檢驗 / 130

  5.2.2 組織支持感量表的預調研檢驗 / 134

  5.2.3 離職傾向量表的預調研檢驗 / 137

 5.3 人力資源管理者工作滿意度、組織支持感和離職傾向的正式調查分析 / 139

  5.3.1 工作滿意度、組織支持感和離職傾向測量工具的信度、效度分析 / 139

  5.3.2 企業人力資源管理者工作滿意度、組織支持感和離職傾向的總體狀況 / 141

 5.4 企業人力資源管理者職業高原維度與工作滿意度關係的統計分析 / 142

  5.4.1 不同職業高原維度水平企業人力資源管理者工作滿意度差異分析 / 142

  5.4.2　職業高原維度與工作滿意度的相關性分析／150

  5.4.3　職業高原維度與工作滿意度的迴歸分析／151

 5.5　**企業人力資源管理者職業高原維度和離職傾向的統計關係分析**／156

  5.5.1　不同職業高原維度水平企業人力資源管理者離職傾向的差異分析／156

  5.5.2　職業高原各維度與離職傾向的相關性分析／159

  5.5.3　職業高原各維度與離職傾向的迴歸分析／160

 5.6　**職業高原、工作滿意度、離職傾向關係分析——以組織支持感為仲介變量**／161

  5.6.1　仲介變量的研究方法／161

  5.6.2　相關分析／162

  5.6.3　仲介作用分析／165

 5.7　**研究結果分析**／173

  5.7.1　研究假設檢驗結果／173

  5.7.2　實證結果分析／174

 5.8　**本章小結**／175

6　人力資源管理者職業生涯發展對策建議／177

 6.1　**實證研究結果分析**／177

 6.2　**人力資源管理者職業生涯發展的對策建議**／179

  6.2.1　重視人力資源管理者的職業發展和職業高原問題／179

  6.2.2　從職業高原構成維度出發，降低員工的職業高原程度／180

  6.2.3　從影響職業高原的因素出發，關注特定群體的職業高原問題／180

  6.2.4　發揮組織支持感的仲介作用，降低職業高原產生的負面影響／182

 6.3　**改善企業人力資源管理工作的政策建議**／183

  6.3.1　開發職業高原的正面意義，重新塑造企業員工的職業價值觀／183

  6.3.2　從職業高原四個構成維度出發，建立多樣化的職業發展路徑／ 184

  6.3.3　關注人力資源管理者中的特定群體，幫助人力資源管理者完成角色轉變／ 185

  6.3.4　探索提高企業人力資源管理者工作滿意度、組織支持感，降低離職傾向的措施／ 186

 6.4　研究局限及研究展望／ 188

附錄／ 190

參考文獻／ 195

1　企業人力資源管理者職業生涯發展的現狀

1.1　人力資源管理思想的發展

人力資源管理思想從勞動力（亞當・斯密）—人力資源（德魯克）—人力資本（舒爾茨）—人力資源管理角色（沃爾里奇）—人力資源產品（勞勒）的發展歷程，體現了員工從企業中的「勞動力」發展到「雇員」直到成為「資源」的過程，而人力資源管理者也經歷了從「專業者」提升為「夥伴」直到成為「參賽者」的角色轉換。

1.1.1　亞當・斯密關於「勞動力」的思想

亞當・斯密（Adam Smith）（1723—1790）是經濟學的主要創立者，也是第一個系統提出勞動分工理論和勞動價值論的經濟學家。在 1776 年的《國民財富的性質和原因的研究》（簡稱《國富論》）中，斯密在由「看不見的手」引導的資本主義市場經濟自動協調機制的框架下，系統闡述了勞動價值論與相應的分工理論，為馬克思的鴻篇巨著《資本論》奠定了重要的勞動價值論基礎。同時斯密對於如何通過勞動分工增進國家財富，以實現和諧的利益分配，也進行了相應的闡述。亞當・斯密關於「勞動力」的思想主要體現在兩個方面：其一是揭示了人類勞動是一切價值的起源，其二是資源稟賦與勞動分工理論。

斯密在《國富論》中論述：「一國國民每年的勞動，本來就是供給這個國家每年消費的一切生活必需品和便利品的源泉。構成這種必需品和便利品的，或是本國勞動的直接產物，或是用這類產物從外國購進來的物品。」[①] 關於勞

---

①　斯密. 國民財富的性質和原因的研究（上卷）[M]. 郭大力, 譯. 北京：商務印書館，1972：1.

動是如何增進一國國民財富，斯密論述了勞動分工、節約勞動與累積資本、增進財富的辯證關係：「增加國民土地勞動年產物的方法有二：①增加生產工人的數目；②增加受雇工人的生產力。」① 其中，為了提高在業工人的勞動生產力，首先需要加強勞動分工。勞動生產力上最大的增進，以及運用勞動時所表現的更大的熟練、技巧和判斷力，似乎都是分工的結果。斯密還以著名的制針工場為例，列舉了分工提高勞動生產力的原因：分工提高了每個特定工人的熟練程度；分工可以節約由一個工種轉到另一個工種所花費的時間；分工簡化了勞動和縮減勞動時間機械的發明，使一個人能夠做許多人的工作。② 這三點表明，分工可以提高勞動生產率，繼而通過生產力的提高來促進經濟增長。

斯密之所以特別強調分工是因為分工是人類活動與動物活動的主要區別之一，人類幾乎隨時隨地都要結成一定的協作關係，這種協作的傾向是人類共有和特有的特徵。由此，勞動分工「不是人類智慧的結果」，而是「人類的本性」中的「互通有無、物物交換、互相交易」之傾向的結果，實際上表現為勞動的交換。③ 其實，在斯密之前，配第等一些早期古典學者也曾經討論過分工的意義，但並沒有明確提出分工與交換的關係。只有斯密明確地從交換引出分工，再從分工引出交換價值或相對價格。在斯密眼裡，財富的創造和增長離不開能夠提高效率的勞動分工。同時，參與分工和交換的勞動者在追求自身利益的過程中又會不斷增進社會的整體利益，這正是斯密所說的「看不見的手」推動著資本主義的長期增長。

在上述分工與交換相互促進的基礎上，斯密論證了勞動價值論在社會關係中的重要意義。他指出，「分工一經完全確立，一個人自己勞動的生產物，便只能滿足自己慾望的極小部分。他的大部分慾望，須用自己消費不了的剩餘勞動生產物，交換自己所需要的別人勞動生產物的剩餘部分來滿足。於是，一切人都要依賴交換而生活，或者說，在一定程度上，一切人都成為商人，而社會本身，嚴格地說，也成為商業社會。」④ 在這種情形下佔有勞動所生產的有用物品，通常就是使其所有者具有「購買其他貨物的能力」，或者說這一物品取

---

① 斯密. 國民財富的性質和原因的研究（上卷）[M]. 郭大力, 譯. 北京：商務印書館, 1972：325.

② 斯密. 國民財富的性質和原因的研究（上卷）[M]. 郭大力, 譯. 北京：商務印書館, 1972：8.

③ 斯密. 國民財富的性質和原因的研究（上卷）[M]. 郭大力, 譯. 北京：商務印書館, 1972：12.

④ 斯密. 國民財富的性質和原因的研究（上卷）[M]. 郭大力, 譯. 北京：商務印書館, 1972：20.

得了交換價值或相對價格。斯密的論述意味著物品之所以取得交換價值，是因為它是社會上一個人或一群人勞動的生產物，個人勞動產品的相互交換構成社會的特徵並保證社會的存在，即，商品的交換實質上是社會活動的交換，而體現在交換行為上的商品價值關係，實質上反應出生產者之間利益衝突的社會關係。就像馬克思論述的，人們在生產領域中結成的基本生產關係，最終決定著人們在流通領域或交換領域中結成的物的交換關係。斯密之所以把價值看作是賦予商品的一種屬性，原因就在於這裡的商品都是社會勞動的產物。在這個意義上，斯密把勞動看成是價值的「源泉」或「原因」。這是斯密勞動價值論的根本前提，正如后來馬克思所闡明的，價值就是一種社會關係。

1.1.2 德魯克「人力資源」概念的提出

彼得‧德魯克（Peter F. Drucker）（1909—2005）對管理學的發展具有卓越貢獻及深遠影響，他曾發表過建立於廣泛實踐研究基礎之上的 30 餘部著作，奠定了現代管理學開創者的地位，被譽為「現代管理學之父」。彼得‧德魯克於 1954 年在其《管理的實踐》一書中正式提出了「人力資源」這一概念。在這部學術著作裡，德魯克提出了管理的三個更廣泛的職能：管理企業、管理經理人員以及管理員工及他們的工作。在討論管理員工及其工作時，德魯克引入了「人力資源」這一概念。他指出，「和其他所有資源相比較而言，唯一的區別就是它是人」，並且是經理們必須考慮的具有「特殊資產」的資源。德魯克認為人力資源擁有當前其他資源所沒有的素質，即「協調能力、融合能力、判斷力和想像力」。經理們可以利用其他資源，但是人力資源只能自我利用。「人對自己是否工作絕對擁有完全的自主權」①。

同時，德魯克還在他的著作中批判了傳統人事管理的弊端：「人事管理構思下的員工和工作管理，包含了一部分檔案管理員的工作，一部分管家的工作，一部分社會工作人員的工作，還有一部分『救火員』的工作（防止或解決勞資糾紛）。」德魯克分析了人事管理之所以毫無建樹，原因在於三個基本誤解。首先是假定員工不想工作。按照麥格雷戈的「X 理論」以及傳統的經濟人假設，工作是員工為了獲得其他滿足而不得不忍受的懲罰。其次，人事管理的傳統觀念認為管理員工和相應的工作是人力資源專家的工作，而不是管理者的職責。人力資源部門雖然已經注意到應該傳授一線經理管理員工的技能，但仍然把大部分預算、人力和精力花在人力資源部門自身的構思、擬訂和實施

---

① 彼得‧德魯克. 管理的實踐 [M]. 齊若蘭, 譯. 北京: 機械工業出版社, 2009: 194.

的計劃中去，這是人力資源工作者工作定位的錯誤。最后，人力資源部門往往扮演「救火員的角色」，企業管理者把人力資源部門視為會威脅到生產作業平穩順暢運行的頭痛問題。人事管理始終聚焦在問題上，就不可能做好員工與工作管理。① 因此，彼得·德魯克依據「人力資源」概念、傳統人事管理理論和實踐與后工業化時代中員工管理的不相適應，提出人事管理應該向人力資源管理轉變。這種轉變正如德魯克在其著作中所說：「傳統的人事管理正在成為過去，一場新的以人力資源開發為主調的人事革命正在到來」。② 根據德魯克的觀點，人力資源管理對企業管理至關重要，企業都是通過使人力資源更有活力來執行工作，並通過生產性的工作來取得成績。因此，管理者應該根據企業自身的條件來設計工作，並不斷增加工作的內容。要想讓職工取得成就，就要把人看成是一種特別的生理和心理上的特點、能力以及不同行動模式的有機體。要將人力資源看成是人而不是物。管理的任務變成要從不同的角度去設法滿足職工對責任、誘導、參與、激勵、報酬、領導、地位及職務等方面的要求。

1.1.3 舒爾茨的「人力資本」概念以及人力資本理論

西奧多·W. 舒爾茨（Theodore W. Schultz）（1902—1998）從 20 世紀 50 年代開始人力資本理論的研究，在 1960 年提出了人力資本投資理論，被世人稱為「人力資本理論之父」。在 20 世紀 50 年代末 60 年代初以及 80 年代末 90 年代初他發表了多篇重要文章，成為現代人力資本投資理論的奠基之作。這些文章包括《由教育形成的資本》（1960）、《人力資本投資》（1961）、《教育的經濟價值》（1963）、《人力資本投資》（1971）、《對人投資——人口質量經濟學》（1981）、《恢復經濟均衡——經濟現代化中的人力資本》（1990）。1960 年，他以美國經濟學會會長的身分在年會上發表《人力資本投資》的主題演講，在學術界引起轟動。

西奧多·W. 舒爾茨從探索經濟增長之謎逐步踏上研究人力資本的道路。他認為單純從自然資源角度，並不能解釋生產力提高的全部原因。從第二次世界大戰以來的統計數據表明，國民收入的增長一直比物質資本投入的增長快得多，一些在第二次世界大戰中受到重創的國家，如德國和日本，以及一些自然資源嚴重缺乏的國家同樣能在經濟起飛方面取得很大成功。舒爾茨認為，這些現象說明，除土地和資本外還存在另一個重要的生產要素——人力資本。人力

---

① 彼得·德魯克. 管理的實踐 [M]. 齊若蘭，譯. 北京：機械工業出版社，2009：203-204.
② 彼得·德魯克. 管理的實踐 [M]. 齊若蘭，譯. 北京：機械工業出版社，2009：211.

資本主要指凝集在勞動者本身的知識、技能及其所表現出來的勞動能力。這是現代經濟增長的主要因素，是一種有效率的經濟。他認為人力是社會進步的決定性因素。但人力的取得不是無代價的，需要耗費稀缺資源。不論人力資本還是非人力資本，「這兩類資本都不是同質性的；實際上兩者都由多種不同的資本形態構成，因而都是非常異質性的」①。傳統的經濟理論或忽視，或迴避資本異質性問題，只簡單地假設資本具有同質性。舒爾茨經過深入的研究後指出，傳統的資本概念不僅不完整，而且沒有正視資本所固有的「異質性」問題。因此，舒爾茨建議：「在對提供未來服務的資本分類時，最好是從兩分法（即人力資本和非人力資本）入手。這兩類資本都不是同質性的；實際上兩者都由多種不同的資本形態構成，因而都是非常異質性的。不過，人力資本和非人力資本之間的差別是客觀存在的，這正是進行分析的基礎。」②

人力，包括知識和技能的形成，是投資的結果。掌握了知識和技能的人力資源是一切生產資源中最重要的資源。舒爾茨在提出人力資本投資理論後，對1929—1957年美國教育投資與經濟增長的關係作了定量研究，得出如下結論：各級教育投資的平均收益率為17%；教育投資增長的收益占勞動收入增長的比重為70%；教育投資增長的收益占國民收入增長的比重為33%。③ 顯然，與其他類型的投資相比，人力資本投資回報率很高。

對於人力資本的構成，舒爾茨認為可以包括量與質兩個方面，量的方面指一個社會中從事有用工作的人數及百分比、勞動時間，在一定程度上代表著該社會人力資本的多少；質的方面指人的技藝、知識、熟練程度與其他類似可以影響人從事生產性工作能力的東西。正如舒爾茨所言：「人口研究主要建立在人口數量論基礎上，除一小部分經濟學家外，幾乎沒有人致力於發展質量——質量論。應該把質量作為一種稀缺資源來對待。」④ 可以說，只有當人們把視野從只關注人口數量轉向同時關注人口質量時，才談得到人力資本問題，而人力資本理論的形成正是得益於這一認識上的轉變。

舒爾茨認為人力資本是投資的產物。在《人力資本投資》一書中他把人

---

① 西奧多 W 舒爾茨. 論人力資本投資 [M]. 吳珠華，等，譯. 北京：北京經濟學院出版社，1990：174.
② 西奧多 W 舒爾茨. 論人力資本投資 [M]. 吳珠華，等，譯. 北京：北京經濟學院出版社，1990：6-8.
③ 西奧多 W 舒爾茨. 人力資本投資——教育和研究的作用 [M]. 蔣斌，張蘅，譯. 北京：商務印書館 1990：33.
④ 西奧多 W 舒爾茨. 人力投資：人口質量經濟學 [M]. 吳珠華，譯. 北京：華夏出版社，1990：9.

力資本投資範圍和內容歸納為五個方面：①衛生保健設施和服務，概括地說包括影響人的預期壽命、體力和耐力、精力和活動的全部開支；②在職培訓，包括由商社組織的舊式學徒制；③正規的初等、中等和高等教育；④不是由商社組織的成人教育計劃，特別是農業方面的校外學習計劃；⑤個人和家庭進行遷移以適應不斷變化的就業機會。① 這些人力資本投資形式之間有許多差異。前4項是增加一個人所掌握的人力資本數量，而最后一項則涉及最有效的生產率和最能獲利地利用一個人的人力資本。

舒爾茨對人力資本理論的主要貢獻在於，他不僅第一次明確地闡述了人力資本投資理論，使其衝破歧視與阻撓成為經濟學上的一個新的門類，而且進一步研究了人力資本形成的方式與途徑，並對教育投資的收益率和教育對經濟增長的貢獻做了定量的研究。他對未來持樂觀態度，他認為決定人類前途的並不是空間、土地、自然資源，而是人的能力。舒爾茨在人力資本理論上的這些貢獻，使他榮獲了1979年諾貝爾經濟學獎。

1.1.4 沃爾里奇的「人力資源管理角色」思想

戴維・沃爾里奇（Dave Ulrich）是美國密歇根大學羅斯商學院教授、人力資源領域的管理大師，被譽為人力資源管理的開拓者。沃爾里奇教授對人力資源管理理論發展的主要貢獻包括現代人力資源管理者角色的分析以及人力資源管理價值新主張的提出。

20世紀90年代，沃爾里奇在《人力資源管理最佳事務》一書中討論了人力資源管理可提交的成果，確定了人力資源專業人員所扮演的四種角色。② 人力資源戰略與經營戰略結合起來的戰略夥伴，為人力資源各管理領域提供管理工具、分析診斷和解決方案的行政專家，專注員工需求、提供員工所需資源和服務的員工支持者，供組織變革和人員變革流程和技巧諮詢的變革的推動者。其中成為戰略夥伴意味著人力資源部門要成為高級管理者的助手。③ 人力資源必須對組織進行定位、審核、甄別組織變革的方法並就本職工作設定優先順序。企業人力資源專業人員可以通過人力資源記分卡來實現對於企業戰略的促

---

① 西奧多W舒爾茨. 論人力資本投資 [M]. 吳珠華，等，譯. 北京：北京經濟學院出版社，1990：9.

② 戴維・沃爾里奇. 人力資源管理新政 [M]. 趙曙明，等，譯. 北京：商務印書館，2007：13-26.

③ ULRICH DAVE. Strategic Human Resource Planning: Why and How? [J]. Human Resource Planning, 1987, 10 (1): 37-56.

進作用，為企業創造價值。① 為完成這些新角色，人力資源管理者需要接受更多的教育以進行深度分析；成為行政專家要求人力資源人員擺脫傳統的政策制定和維護的刻板印象，採用先進技術和方法設計和提供有效的人力資源流程來管理人事、培訓、獎勵、晉升以及其他涉及組織內部人員流動的事項；成為員工的支持者意味著人力資源專業人員不僅要解決員工的社會需求而且要引導和訓練直線經理去激發員工高昂的鬥志，同時需要充當員工的代言人，參與管理討論；成為變革的推動者意味著人力資源管理者要具備構建適應和把握變化的組織能力，必須確保公司變革方案付諸實施，甚至引導管理團隊完成變革。② 沃爾里奇用一個三角模型（見圖1.1）來描述企業人力資源管理者為擔當這四個角色應掌握的四種技能。③ 這四種技能分別與人力資源管理者擔當的四大角色一一對應。同時，沃爾里奇還在他的研究中探究了人力資源管理者（HR）是如何通過履行四種職責來為企業創造價值的。

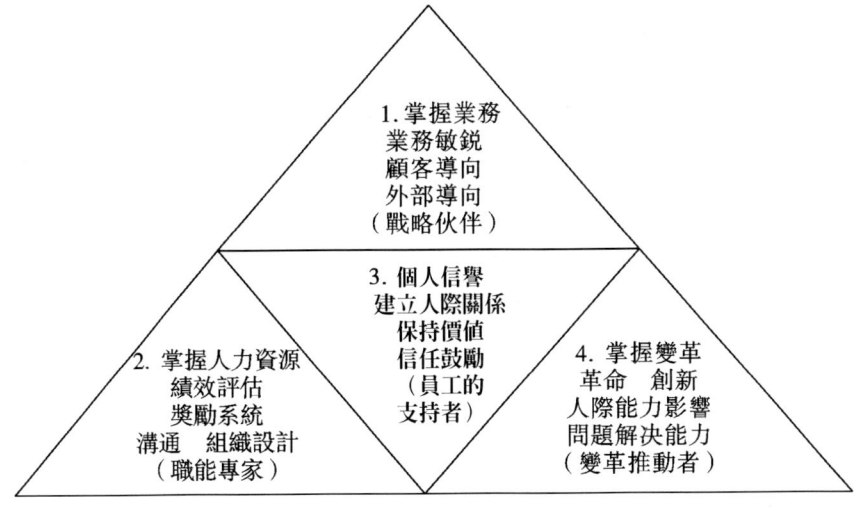

圖1.1　HR能力模型

隨著企業面臨的競爭形勢的加劇，組織競爭力的提高不僅要依靠企業的財務、戰略和技術能力，同時也有賴於通過建立組織結構完善人力資源管理能力

---

① BE BECKER, MA HUSELID, D ULRICH. HE HR SCORECARD Linking People [J]. Strategy and Performance, 2001.

② ULRICH DAVE. A New Mandate for Human Resources [J]. Harvard Business Review, 1998, 76（1）：124-134.

③ YEUNG RTHUR, BROCKBANK WAYNE, ULRICH DAVE. Lower Cost, Higher Value: Human Resource Function in Transformation [J]. Human Resource Planning, 1994, 17（3）：1-16.

形成具有內部員工競爭力的組織能力。① 同時，在人力資源所肩負的職能作用方面，隨著組織研究的焦點從結構和流程轉向能力，人力資源管理關注的焦點也從人轉向人在其中工作的組織，強調對創造價值的實踐活動的支持。人力資源專業人員應當成為企業能力的建築師，並且成為具有定義和創建這些能力的領導人。② 人力資源管理必須交付價值，人力資源管理活動必須創造投資者、顧客、直線經理以及員工都認同的價值。③

　　沃爾里奇在2008年的《人力資源價值新主張》一書中詳細闡述了完整的人力資源專業人員和職能部門能夠和應當如何做才能持續創造價值的具體方法。人力資源管理者要由企業高層管理人員的合作者變為企業整體管理的主導者，意味著人力資源管理工作範圍的擴大，人力資源專業人員要學習如何培訓、設計、建立、配置、引導企業管理者，甚至成為組織的道德代表，提醒和監控公司道德倫理方面的問題。④ 人力資源的工作應該從企業的業務活動開始而非簡單的人力資源職能工作；人力資源管理者要真正成為企業競爭優勢的來源；人力資源管理人員應該看到企業的利益相關者——包括內部的管理人員和員工以及外部的顧客和投資者，並將以此設計和組織人力資源實踐活動，符合利益相關者的要求；人力資源管理者應該關注外部顧客，通過人力資源管理活動提高企業的服務質量，在建立雇傭-客戶關係方面做出努力。⑤ 沃爾里奇還通過大量的調查研究，進行了人力資源專業人員的勝任力研究，說明為了完成這些職能人力資源專業人員必須具備的相關個人知識、技能和勝任力，能夠從自己獨特的專業視角觀察公司的關鍵利益相關者。

　　沃爾里奇教授對人力資源研究的貢獻在於將人力資源真正提升到戰略管理者的高度，並延伸出人力資源管理者在現代企業管理當中所扮演的多重角色，以及在企業價值創造過程中發揮的連接作用，並從實踐和操作的角度給出了人力資源管理者履行自己新職責的路徑和方法。

---

① ULRICH DAVE. Organizational Capability as a Competitive Advantage: Human Resource Professionals as Strategic Partners [J]. Human Resource Planning, 1987, 10 (4): 169-184.
② ULRICH DAVE, SMALLWOOD NNORM. Capitalizing on Capabilities [J]. Harvard Business Review, 2004, 82 (6): 119-127.
③ CONNER JILL, ULRICH DAVE. Human Resource Roles: Creating Value, Not Rhetoric [J]. Human Resource Planning, 1996, 19 (3): 38-49.
④ D ULRICH, D BEATTY. From partners to players: extending the HR playing field. rutgers. edu [J]. Human Resource Management, 2001: 293-307.
⑤ ULRICH DAVE, HALBROOK RICHARD, MEDER DAVE, et al. Thorpe. Steve. Employee and Customer Attachment: Synergies for Competitive Advantage [J]. Human Resource Planning, 1991, 14 (2): 89-103.

1.1.5 愛德華・勞勒的「人力資源產品線」思想

愛德華・勞勒三世（Edward E. Lawler）是美國南加利福尼亞大學馬歇爾商學院的管理和組織學教授，也是績優企業研究中心的主管。由於勞勒為人力資源管理做出許多貢獻，美國薪酬協會和人力資源管理協會給他頒發了終生成就獎，《商業周刊》將勞勒評價為世界一流的管理專家之一。他曾與人合著了 250 多篇論文和 30 多本書。其中《最終競爭力》（*The Ultimate Advantage*）被中國《產業周刊》評為「管理類年度十大暢銷書之一」。

勞勒教授關注於組織績效、員工參與管理（全面質量管理的引申）以及人力資源管理前沿問題方面的研究。他提出人力資源管理研究和實踐需要進一步的融合，需要進行「有用」的研究以彌補理論與實踐的差距。[1] 他認為，如果研究是有用的，它必須滿足兩個基本的標準：第一，結論必須有助於提高實踐者對組織的認識並改進實踐工作；第二，結論必須支持人力資源管理理論以及由此理論所創造的知識體系。[2] 人力資源管理領域正在向勞勒指出的方向前進。

勞勒在沃爾里奇等人研究的基礎上進一步分析了 HR 作為企業的商業先導，人力資源管理者的市場價值體現在他們所擁有的無形資產上，例如擁有的知識、核心競爭力和組織能力。作為商業先導，人力資源人員必須能夠為企業提供相應的產品。勞勒提出了人力資源管理的三條產品線理論。這三條產品線包括：第一條產品線是它幾十年來一直提供的傳統產品，也是人力資源管理最初的功能，即基本的行政服務和事務，包括薪酬、招聘、培訓和員工管理——重點在於資源的效率和服務質量；第二條產品線是人力資源管理者作為商業夥伴所提供的服務，包括發展有效的 HR 系統，協助執行商業計劃，管理人才——重點在於關注戰略、組織發展和變革，精通商業和解決難題的方法，加強信息技術能力，設計有效的系統來確保所需的能力；第三條產品線是作為戰略夥伴角色所提供的產品，主要是基於商業戰略，基於對人力資本、組織能力、準備和開展 HR 訓練來作為戰略的區分——重點在於具備廣度和深度的 HR 知識、商業知識、競爭知識、市場和商業戰略知識。在提供第三類產品時，人力資源管理者的戰略夥伴角色備受關注，人力資源人員成為戰略信息的

---

[1] LAWLER III EDWARD E. Why Hr Practices Are Not Evidence-Based [J]. Academy Of Management Journal, 2007, 50 (5): 1033-1036.

[2] LAWLER E E. Challenging Traditional Research Assumptions [M] //E E LAWLER, A M MOHRMAN JR, S A MOHRMAN, et al. Doing Research That Is Useful For Theory And Practice. San Francisco: Jossey-Bass, 1985.

提供者、組織的設計者和業務單元的執行者。在組織中HR能夠影響到的戰略方面的活動包括：影響戰略的制定，戰略選擇，制訂戰略執行計劃，設計組織結構執行戰略，發現新的商業機會，評估可能的併購戰略。HR通過以下活動成為一個全面的戰略夥伴：具備組織管理的專業技能；掌握人力資本評價的方法；通過人力資源分析和專業知識提高決策質量；掌握組織設計、業務戰略分析和制定的方法技巧。[①] 為了進一步擴展人力資源管理者作為戰略夥伴的角色，提供更好的「產品」，勞勒分析了董事會決策與人力資源管理之間的相互作用，認為董事會決策會影響組織的人力管理政策和實踐。但是，董事會內部卻鮮有企業的人力資源人員以及精通人力資源專業的外部董事。事實上，支持董事會是人力資源成為戰略夥伴為企業創造價值的一種方式。只有當人力資源管理人員將自己看作是公司的戰略夥伴時，才需要更多地參與董事會決策及取得董事會的關注。HR需要關於組織績效以及業務戰略的信息而不僅僅是人力資源管理工作自己的服務和產品信息，HR可以通過人力資源戰略、人力資源技術、知識管理、團隊合作以及績效分析來為董事會提供支持。[②] 勞勒還分析了德魯克曾經關注過的人力資源人員和一線管理人員的人力資源管理職責，他認為人力資源管理人員應該和企業一線管理人員互動，HR需要致力於計劃制訂、組織設計和開發、與一線管理人員的合作以及人力資源專業能力的提升，人力資源管理者必須更瞭解企業業務，而一線經理必須更懂得人力資源管理。

愛德華·勞勒對於人力資源管理研究的貢獻在於他在沃爾里奇等人對人力資源戰略研究的基礎上，進一步明確了人力資源管理者在發揮先導作用時所能夠提供的「產品」，使HR從企業的「合作夥伴」成為真正的「參賽者」。同時，他和沃爾里奇一樣關注並致力於人力資源實踐與理論研究的結合。

1.2 人力資源管理者的職業化發展

1.2.1 人力資源管理者職業化發展的趨勢

2002年原勞動和社會保障部發布《關於開展企業人力資源管理人員等職

---

① LAWLER III EDWARD E, BOUDREAU JOHN W. What Makes Hr A Strategic Partner? [J]. People & Strategy, 2009, 32 (1): 14-22.

② LAWLER III EDWARD E, BOUDREAU JOHN W. HR Support for Corporate Boards [J]. Human Resource Planning, 2006, 29 (1): 15-24.

業職業資格全國統一鑒定試點工作的通知》明確指出，「為適應中國社會經濟發展對企業人力資源管理……等方面人才的需求，提高從業人員的素質，大力推行國家職業資格證書制度，根據《中華人民共和國勞動法》和有關規定，決定在全國開展企業人力資源管理人員……新職業的職業資格全國統一鑒定試點工作。」這標誌著中國企業人力資源管理人員步入專業化與職業化發展道路。

但在國內的學術研究領域鮮有對人力資源管理者的職業化和其職業生涯發展進程中所面臨問題的專門研究。作為企業人力資源管理任務的重要承擔者和企業人力資源管理工作「規劃師」的人力資源管理者，他們的職業生涯發展以及職業困境等問題卻很少被人關注。以「人力資源管理者」為關鍵詞搜索中國知網的期刊論文，從 2000 年至 2015 年共有 1,946 篇論文，其中期刊論文 1,913 篇，碩士論文 32 篇，博士論文 1 篇。而以「人力資源管理者」為題目詞條進行論文搜索，共有 111 篇論文，其中期刊論文 97 篇，碩士論文 14 篇。這些論文研究的主要內容包括人力資源管理者的勝任素質、人力資源管理者的角色定位與角色轉換等。其中研究人力資源管理者勝任素質的論文占據較大比例，而以人力資源管理者職業生涯為研究內容的論文較少，專門研究人力資源管理者的職業高原問題的論文就更為缺乏。

職業化是職業逐漸發展成熟、擁有專業性職業的特質，也是各種從業人員提高專業素質、獲得社會認可和社會地位的象徵。人力資源管理作為企業管理中的一項重要工作，也面臨職業化的挑戰。隨著中國企業管理能力的提高，從中國企業人力資源管理工作的發展現狀來看，人力資源管理領域中的一系列崗位（招聘、培訓、薪酬管理、績效管理、員工管理等）已經逐漸從傳統的行政事務中獨立出來，並且開始參與甚至主導企業戰略人力資源管理工作，因此，企業對人力資源管理者提出了更高的專業性要求和職業技能要求。此外，人力資源管理的各項具體職能也越來越具有專業性和技巧。這就意味著人力資源管理系列崗位已經成為職業化發展中的固定崗位，專門從事人力資源管理工作的人員也會越來越多。儘管在企業管理中，人力資源管理者的工作越來越受到重視，人力資源管理者肩負著企業組織人力資源戰略規劃、建立組織暢通溝通渠道和建立有效激勵機制的使命，但是，作為專門為別人做評估、定薪水、規劃職業發展的人力資源管理者本身卻面臨很多尷尬。由於人力資源管理工作的業績難以評定，大多數企業組織提拔的高層管理人員幾乎全部來自業務部門而非人力資源部門。每一位從事人力資源管理工作的員工都有可能面臨職業發展的困境。因此，分析人力資源管理者面臨的職業高原，幫助他們面對職業高原，提升自我價值，規劃職業生涯發展，成了企業人力資源管理者理應關注的

重要問題。

在職業化發展的過程中，員工很容易將職業生涯的發展依託於職位的上升。美國心理學家施恩教授（H. Schein, 1971）更是提出從等級（縱向發展方式）、職能或技術（橫向發展方式）以及成員資格（中心發展方式）三個維度考察員工的職業生涯發展歷程。其中等級維度指人在同一職業內部垂直層次上的運動，表示通過職務晉升達到所屬職業和組織一定層面的職業發展模式，即傳統的職務晉升。縱向職業晉升渠道的開闢，成為大多數人在職業生涯發展中所追逐的一條道路。

自從組織文化中開始鼓吹等級制度，員工們就開始把衡量職業成功的標準設定為晉升。[①] 被稱作20世紀最敏銳的社會和心理學發現——《彼得原理》中指出，在任何層級組織中，每一個員工都有可能晉升到不勝任階層。[②] 而對於到達了「晉升極限」（后來被定義為「職業高原」）的員工來說，甚至會表現出一些反常的舉動，包括頻繁使用通信設備、喜歡歸檔、辦公室恐懼症等。這也就意味著無限制地追求向上的晉升將給人和組織帶來負面的影響。多個不勝任的人存在於部門或組織中，這個部門和組織也終有一天演變為不勝任。《彼得原理》一書，還重點分析了如何面對這種晉升恐懼的方法。畢竟，在組織中的大多數人即使是表現優良者也不一定能夠獲得永久的晉升，這就需要員工安於現有崗位，調整自我心理，為組織發揮出最大的效能。而隨著金字塔式組織結構變得越來越扁平，以晉升衡量職業進步就變得越來越具競爭力和困難。[③] 隨著商業環境的改變、重組、組織結構精簡以及雇傭公平等問題的出現，職業高原成為職業管理方面最重要的一個議題。

職業高原概念的創立者Ference指出職業高原並不一定意味著效率低下，當員工處於他所定義的「有效的職業高原」期時，才正式成為為組織創造價值的中堅力量。[④] 可惜，對於這一階段的員工——企業管理人員的狀態的研究相對比較少。企業的管理措施，要麼關注於新晉的明星員工——探討如何讓他

---

① NICHOLSON N. Purgatory or Place of Safety? The Managerial Plateau and Organizational Agegrading [J]. Human Relations, 1993（12）：1369-1389.

② 勞倫斯J彼得，雷蒙德·赫爾. 彼得原理 [M]. 閭佳，等，譯. 北京：機械工業出版社，2007：4.

③ JUNG J, TAK J. The Effects of Perceived Career Plateau on Employees' Attitudes: Moderating Effects of Career Motivation and Perceived Supervisor Support with Korean Employees [J]. Journal of Career Development, 2008, 35（2）：187-201.

④ THOMAS P FERENCE, JAMES A STONER, E KIRBY WARREN. Managing the Career Plateau [J]. The Academy of Management Review, 1977, 2（4）：602-612.

們更好地發展以引領帶動企業的發展；要麼關注於后進的「枯木」員工——探討如何讓他們巧妙地離開組織。而對於為企業發揮效力的「中堅」層次的關注卻很少。

職業高原不是一個新現象，而是一個越來越具有普遍意義的概念。[1] 許多研究組織職業發展的學者認為，職業高原已經成為一個需要企業進行正確地管理和引導以消除員工的不滿的重要的組織和管理問題。[2] 人力資源管理從業者的專業化程度的提高要求人力資源管理崗位擁有順暢的晉升渠道，但企業真實的管理狀況難以滿足人力資源管理從業者的職業發展需要，使他們過早地面臨職業高原與職業發展困境，致使人力資源管理者的工作滿意度下降，導致工作效率的降低，進而會影響到整個企業的人力資源管理工作和其他員工的士氣。

1.2.2 中國企業人力資源管理者職業狀態分析

中國人民大學於1993年建立了「人力資源管理專業」，從此開始，中國的人力資源管理進入專業化培養階段。到20世紀初，人力資源管理的熱潮形成，人力資源管理成為熱門發展的專業。在這個階段，人們對人力資源管理的理解集中在熱衷於人力資源管理概念和追求人力資源管理通用性操作技巧上。進入21世紀后，隨著國外人力資源戰略思想的成熟，中國研究者引入並本土化這方面的概念，中國的企業也開始思考如何將人力資源管理的思想真正融入企業的經營發展實踐。人力資源管理開始逐步成為中國企業經營管理實踐的一個有機組成部分，開始從戰略的高度發揮幫助企業贏得競爭優勢的重要作用。

2003年國務院發展研究中心企業研究所與中國人力資源開發網（簡稱中人網）共同組織了「2003年度中國企業人力資源管理現狀調查」。此調查作為國內涉及範圍較廣、專業性較強的一次調查，在一定程度上反應了中國企業人力資源管理當時的現狀和特徵。根據對《2003年度中國企業人力資源管理現狀調查報告》[3] 中的大量實證調查數據進行分析，總結歸納出那一階段中國企業的人力資源管理現狀存在的特點包括五個方面。第一，人力資源管理職能與一般行政管理職能相分離。在被調查企業中，配備專門人力資源管理部門的企

---

[1] ONGORI H, AGOLLA J E. Paradigm Shift in Managing Career Plateau in Organization: The Best Strategy to Minimize Employee Intention to Quit [J]. Africa Journal of Business Management, 2009, 3 (6): 268-271.

[2] BURKE R J, MIKKELSEN A. Examining the Career Plateau Among Police Officers [J]. International Journal of Police Strategies and Management, 2006, 29 (4): 691-703.

[3] 國務院發展研究中心企業研究所，中國人力資源開發網. 中國企業人力資源管理現狀調查報告 [R]. 2004.

業比例較大，意味著人力資源管理向專業化、系統化方向發展。第二，人力資源管理系統化建設全面發展。大量企業擺脫了對人力資源管理基本知識的橫斷面式、零散的吸收，開始從總體框架的方向上設計建立自己的人力資源管理體系，其中包括組織結構的設計與再設計、部門職責的分工、工作分析與工作的再設計、人力資源規劃、員工招募與甄選、培訓與開發、績效管理、薪酬管理、職業生涯管理、晉升制度、企業文化建設等。第三，從事人力資源管理工作的專業化隊伍已基本建立，但規模有待於擴充。根據調查顯示，雖然大多數企業建立了專屬的人力資源管理部門，但所配備的人力資源管理專門人員比例較低。第四，企業中人力資源管理者大多處於職業發展的中期。調查顯示，企業中人力資源管理崗位的人員的年齡分佈趨中。第五，企業人力資源管理者專業素質較高。企業中人力資源管理崗位的人員的學歷普遍較高，具有人力資源管理相關學習和培訓背景的人員比例較大。從當時中國企業人力資源管理整體狀況以及企業人力資源管理者的配備狀況、年齡結構和學歷教育現狀的分析可以看出，雖然中國大量企業的人力資源管理已經作為一項專業化的管理職能從行政管理部門分離出來，但是距離國際先進人力資源管理理念所提出的建立戰略化的人力資源管理還具有相當大的差距。

在中國企業人力資源管理經歷了多年的發展之後，2012年，國內首份針對HR轉型的人力資源領域的專業報告《2011—2012企業人力資源管理轉型與HR外包調研報告》（下稱《報告》）於2012年7月在京發布。《報告》指出，在中國，HR正在悄然發生改變。他們將從「HR職能專家」和「員工鼓動者」的角色，轉變成為企業的「戰略夥伴」，人力資源管理的重點轉移為「培養未來的領導者，提高速度和靈活性，發揮團隊智慧」，企業人力資源管理面臨全新的挑戰。可見，隨著中國企業人力資源管理能力的不斷提高，人力資源管理者承擔的角色也發生著相應的轉變，在企業中承擔著越來越重要的管理責任。

1.2.3　人力資源管理者：角色的轉變和職業發展路徑的變化

人力資源管理一直被認為是企業管理的重要組成部分。管理學大師德魯克認為：「企業管理最終就是人力管理；人力管理就是企業管理的代名詞。」人力資源管理在企業管理中的重要性可見一斑。人力資源管理思想從勞動力（亞當‧斯密）—人力資源（德魯克）—人力資本（舒爾茨）—人力資源管理角色（沃爾里奇）—人力資源產品（勞勒）的發展歷程，體現了員工從企業中的「勞動力」發展到「雇員」直到成為「資源」的過程，而人力資源管理

者也經歷了從「專業者」提升為「戰略夥伴」直到成為「參賽者」的角色轉換。可見，人力資源管理者在企業中肩負著讓現代人力資源管理思想和技術手段付諸實施的重要使命。

在20世紀90年代，沃爾里奇在《人力資源管理最佳事務》[①]一書中討論了人力資源管理可提交的成果，確定了人力資源人員在企業中扮演的四種角色：人力資源戰略與經營戰略結合起來的戰略夥伴；為人力資源各管理領域提供管理工具、分析診斷和解決方案的行政專家；專注員工需求、提供員工所需資源和服務的員工支持者；供組織變革和人員變革流程和技巧諮詢的變革的推動者。[②]

為完成這些新角色，人力資源管理者需要接受更多的教育以承擔需要深度分析的責任。例如，成為行政專家要求人力資源人員擺脫傳統的政策制定和維護的刻板印象，採用先進技術和方法設計提供有效的人力資源流程來管理人事、培訓、獎勵、晉升以及其他涉及組織內部人員流動的事項；成為員工的支持者意味著人力資源專業人員不僅要解決員工的社會需求，而且要引導和訓練直線經理去激發員工高昂的鬥志，同時需要充當員工的代言人，參與管理討論；成為變革的推動者意味著人力資源管理者要具備構建適應和把握變化的組織能力，必須確保公司變革方案付諸實施，甚至引導管理團隊完成變革。[③] 沃爾里奇用一個三角模型來描述企業人力資源管理者為擔當這四個角色應掌握的四種技能。[④] 這四種技能分別與人力資源管理者擔當的四大角色一一對應。

在人力資源所肩負的職能作用方面，隨著組織研究的焦點從結構和流程轉向能力，人力資源管理關注的焦點也從人轉向人在其中工作的組織，強調對創造價值的實踐活動的支持。人力資源專業人員應當成為企業能力的建築師，成為具有確定和創建這些能力的領導人。[⑤] 人力資源管理必須交付價值，人力資

---

① 戴維·沃爾里奇. 人力資源管理新政 [M]. 趙曙明，等，譯. 北京：商務印書館，2007：13-26.

② ULRICH DAVE. Strategic Human Resource Planning: Why and How? [J]. Human Resource Planning, 1987 (10): 37-56.

③ ULRICH DAVE. A New Mandate for Human Resources [J]. Harvard Business Review, 1998, 76 (1): 124-134.

④ YEUNG ARTHUR, BROCKBANK WAYNE, ULRICH DAVE. Lower Cost, Higher Value: Human Resource Function in Transformation [J]. Human Resource Planning, 1994, 17 (3): 1-16.

⑤ ULRICH DAVE, SMALLWOOD NORM. Capitalizing on Capabilities [J]. Harvard Business Review, 2004, 82 (6): 119-127.

源管理活動必須創造投資者、顧客、直線經理以及員工都認同的價值。[①]

中國學者對人力資源管理者的角色研究也是豐富多彩的。彭劍鋒教授指出：「人力資源管理者在組織中究竟扮演什麼樣的角色，承擔什麼樣的責任，具備什麼樣的素質和能力——這是中國企業普遍感到困惑的問題。」[②] 在借鑑了國內外最新研究成果，進行了大量的實證調查和深度訪談之後，他總結出現代人力資源管理者在組織中扮演的六大角色：專家、業務夥伴、員工服務者、變革推動者、知識管理者和領導者。北大縱橫管理諮詢公司的段磊博士將人力資源管理者的角色劃分為管理者、業務夥伴和員工服務者，並建立了相對應的勝任力維度模型。[③]

企業人力資源管理者管理角色的轉變意味著人力資源管理者在企業中的地位以及自身的職業生涯發展所面臨的變化。隨著人力資源管理者角色的轉變，人力資源管理者的勝任素質隨之發生變化，從過去的簡單要求能夠完成人事管理的相關職責，變化為以企業的戰略夥伴的身分，參與到企業的戰略管理當中。作為人力資源管理者自身的職業生涯發展通道也更有可能向高級管理層次以及其他管理部門邁進。這種人力資源管理者能力的多元化要求和晉升道路的多向發展，會導致人力資源管理者自身所面對的職業高原也呈現出多元化的狀況。

1.3　人力資源管理者職業高原的研究問題、目的和意義

1.3.1　研究問題

本研究主要探討和解決以下幾個問題：

（1）企業人力資源管理者職業高原的含義是什麼？企業人力資源管理者職業高原是否存在多維結構？職業高原由哪些維度構成？

（2）人口學變量是否會對人力資源管理者的職業高原及其構成維度造成影響？將會造成怎樣的影響？

（3）職業高原整體及其構成維度與工作滿意度之間是什麼關係？

---

① CONNER JILL, ULRICH DAVE. Human Resource Roles: Creating Value Not Rhetoric [J]. Human Resource Planning, 1996, 19 (3): 38-49.
② 彭劍鋒. 內外兼修十大 HR 新模型 [J]. 人力資源, 2006 (8): 34-37.
③ 段磊. 重鑄 HR 經理勝任力模型 [J]. 人力資源, 2006 (17): 20-21.

（4）職業高原整體及其構成維度和離職傾向之間是什麼關係？

（5）職業高原和工作滿意度、職業高原和離職傾向之間的關係是如何發生作用的？其關係背後的作用機制是什麼？組織支持感是否是它們關係中間的仲介變量，以及對它們的關係造成怎樣的影響？

1.3.2　研究目的

本研究的目的是，通過理論分析和實證研究，探索企業人力資源管理者職業高原的內涵和構成維度，對職業高原的特徵以及職業高原和工作滿意度、離職傾向之間的關係進行分析。以往關於職業高原的研究所建立的職業高原的結構維度包括職業高原的一維模型、二維模型、三維模型和四維模型。本研究將通過文獻分析構建人力資源管理者職業高原的結構維度，通過文獻分析和問卷調查等形式，採用統計分析的方法驗證人力資源管理者職業高原的構成；研究職業高原與工作滿意度之間、職業高原和離職傾向之間的關係以及其背後的作用機理；幫助企業管理者，特別是企業人力資源管理者正視職業高原，為企業人力資源管理者完成角色轉變、提高企業人力資源管理能力提出相應的政策建議，並有助於人力資源管理者進行更加全面的職業生涯發展規劃。

1.3.3　研究意義

Eliot Freidson（1973）把人力資源管理者的職業化定義為：「職業化是一個過程。通過這個過程，人力資源管理從業人員由於其擁有獨特專長、關注工作生活質量以及能為社會帶來利益，而獲得從事某種特定的工作、控制職業培訓和職業進入、確定與評價該職業工作方式的專有權力。」[①] 隨著企業人力資源管理者的管理意識、理論水平和實踐能力的提升，人力資源管理這一職業已經逐步走向專業化和職業化。可悲的是，當產業、組織增長緩慢，有大批受教育並懷有職業夢想的人進入組織之後，將會有大批的資深員工甚至是經驗豐富的經理人士會長時間面臨職位無變動的局面，甚至他們未來的晉升也是渺茫的。職業化后的企業人力資源管理從業者也面臨同樣的職業發展窘境。在人力資源管理者不斷為他人做嫁衣，指導他人訂制職業發展計劃，殫精竭慮地為他人的職業生涯發展「鋪路」的同時，這一群體自身卻遭遇著職業發展的瓶頸和晉升「天花板」。據前程無憂在線數據調查顯示，70%的 HR 管理者困惑於

---

① ELIOT FREIDSON. The Professions and Their Prospects [M]. London: Sage Publications, 1973.

「企業沒有提供很好的職業發展通道」。Rosen 和 Jerdee 在對 600 名人力資源管理經理的調查中發現，職業高原已成為處在職業生涯中、后期的員工喪失工作動力的一個重要原因。[①] 因此，從 20 世紀 90 年代開始，職業高原現象不僅繼續受到學術界的重視，而且引起了人力資源管理實踐者的關注——他們希望通過在組織內部實施具體的人力資源管理措施，降低職業高原給組織和個人帶來的負面效應。因此，進行企業人力資源管理者的職業高原研究，不僅對人力資源管理者自身有益，對企業管理也具有重要的意義。

1.4 研究的基本原理和相關概念界定

1.4.1 研究的基本原理

1.4.1.1 職業生涯發展理論

職業生涯管理理論的研究內容是個體的職業生涯發展週期，根據個體不同生命週期的特點和不同職業階段的任務和目標的不同，將職業生涯劃分為不同發展階段，並相應提出不同職業生涯週期面臨的管理重點。[②] 此類型理論主要包括薩柏的職業生涯五階段論、金斯伯格的職業發展三階段論、格林豪斯的職業發展五階段論、施恩的職業發展九階段論和中國學者廖泉文的職業發展「三三三」論[③]。其中薩柏將人的職業生涯劃分為成長、探索、創業、維持和衰退五個階段；金斯伯格將職業生涯分為幻想、嘗試和實現三個階段，其中嘗試階段又細分為興趣、能力、價值觀和綜合等四個子階段，實現階段可細分為試探、具體化和專業化等三個子階段；格林豪斯將職業生涯分為職業準備、進入組織、職業生涯初期、職業生涯中期、職業生涯后期五個階段；施恩將職業生涯分為成長幻想探索、進入工作世界、基礎培訓、早期職業的正式成員資格、職業中期、職業中期危險期、職業后期、衰退和離職、退休九個階段；廖泉文將職業生涯劃分為輸入、輸出和淡出三大階段，其中，輸出階段細分為適應、創新和再適應三個子階段，再適應階段又分為順利晉升、原地踏步和降到波谷三個子階段。職業生涯發展理論通常是基於週期維度進行研究，這些研究

---

① ROSEN B, JERDEE T H. Middle and late career problems: Causes, consequences and research needs [J]. Human Resource Planning, 1990, 13 (1): 59-70.
② 格林豪斯，卡拉南，戈德謝克. 職業生涯管理 [M]. 3 版. 王偉，譯. 北京：清華大學出版社，2006：91.
③ 廖泉文. 職業生涯發展的三、三、三理論 [J]. 中國人力資源開發，2004 (9)：21-23.

揭示了個人職業生涯發展的週期規律性，為進行職業高原研究奠定了理論基礎。

1.4.1.2 職業通道理論

傳統觀念對職業生涯發展的理解就是職位的上升，美國心理學者 H. Schein 提出了職業生涯發展方向的多樣性[①]。他從等級（縱向發展）、職能或技術（橫向發展）和成員資格（中心發展）三個維度考察人的職業生涯發展歷程。在這三種發展方向中，等級維度指員工在組織內部垂直方向上的運動，意味著員工通過縱向職位晉升獲得發展，即傳統的職務晉升模式。橫向發展方式指擴大個體知識、經歷和職業技能，開發個體潛力，為未來職業發展打下基礎。成員資格維度指員工向組織核心方向發展，通過努力不斷獲得組織信任，不斷向組織核心靠攏，進而獲得有關組織的機密信息或特權。中心發展方式儘管不一定伴隨職務上的晉升或待遇上的改變，但由於增加了工作挑戰性，員工被賦予更多的工作權利和責任，從而使個體獲得更多的決策權和資源，感受到較強的成就感和較高的工作意義，為員工今後的職業發展提供了更多機會。H. Schein 的三維職業發展模型衝破傳統組織單一的直線晉升模式，拓寬了職業發展的內容，對組織扁平化和虛擬化時代的職業發展有積極意義，為個體職業發展提供了更多的可行模式。隨著更加靈活的職業發展方式的產生，個體更可以離開原組織轉入其他組織進行職業發展，即工作發生了脫離圓錐體的第四維切面運動，這種發展方式成為三維發展模型的補充。職業通道理論明確了個體職業生涯發展的多樣性可能，為研究職業高原產生的原因以及職業高原的應對提供了理論依據。

1.4.1.3 職業高原理論

「職業高原」這一概念開始受到廣泛關注是從 1977 年 Ference 等人發表在 *Academy of Management Review* 的論文《管理職業高原》開始。在這篇論文中，職業高原被定義為「員工在組織中的職位晉升達到了這樣的一個位置——在這一位置上員工獲得晉升的可能性非常低」[②]。按照這個定義，職業高原是金字塔式組織層級結構對個人職業生涯發展所帶來的影響所導致的結果。在正三角式組織結構中，由於沒有足夠的向上的職位提供給員工，從垂直方向上來看，所有的管理者都必將到達「職業高原」。Ference 等人認為，除了金字塔式

---

① EDGAR H SCHEIN. The Individual, the Organization, and the Career: A Conceptual Scheme [J]. Journal of Applied Behavioral, 1971: 401-426.

② FERENCE T P, STONER J A, WARREN E K. Managing the career plateau [J]. Academy of Management Review, 1977 (2): 602-612.

的組織結構帶來的上升職位的稀缺能夠造成職業高原外，產生組織職業高原的原因還包括：①競爭，面對同一職位的候選人之間的競爭；②年齡，組織更傾向於把職位提供給具有發展潛力的年輕人；③組織需要，組織更需要員工停留在當前的職位以發揮出他最大的效能，而不是獲得提升。在 Ference 等人之後也有 Chao 等人對職業高原知覺進行理論和實證的研究，這些研究拓寬了人們對職業高原概念的認識，也為未來的職業高原研究提供了新的思路。

1.4.2 相關概念界定

1.4.2.1 人力資源管理者

2001 年頒布的《企業人力資源管理人員國家職業標準》將企業人力資源管理人員這一職業明確定義為：企業中從事人力資源規劃、員工招聘選拔、績效考核、薪酬福利管理、激勵、培訓與開發、勞動關係協調等工作的專業管理人員。本研究的主要對象就是這些企業人力資源管理人員。他們滿足兩個條件：一是在企業工作，而不是在其他類型組織工作；二是從事人力資源管理工作，而非企業中的其他管理工作。

1.4.2.2 職業高原

Chao 等人將職業高原劃分為主觀職業高原和客觀職業高原。客觀職業高原主要指個人在企業中的晉升遭受到的瓶頸，通常用任職年限加以度量。主觀職業高原主要是個體對自身職業發展是否處於瓶頸期的主觀體會。隨著對職業高原研究的深入，主觀職業高原的概念備受研究者推崇。從近期大量國內外研究來看，對職業高原的度量越來越偏向於採用心理學的知覺測量方式。因此，國外也越來越關注職業高原知覺即主觀職業高原的研究；而國內對職業高原進行的研究中大多也採用這種知覺測量方式，但在各種研究中並沒有明確指出是對主觀職業高原或職業高原知覺的研究。但從研究內容和研究方法來看，大多以職業高原為名的研究實際上都是對職業高原知覺的研究。

本研究對企業人力資源管理者職業高原的研究方法和研究重點就是人力資源管理者對自己的職位以及未來職業發展狀況的主觀體會，即職業高原知覺。因此，除了在本書的文獻綜述中區分客觀職業高原和主觀職業高原概念外，本書其他部分提到的職業高原均是指職業高原知覺（主觀職業高原），不再作具體說明。

1.5 研究方法、技術路線和主要創新點

1.5.1 研究方法

1.5.1.1 文獻分析方法

本研究收集了國內外期刊中關於職業高原及與其他相關變量關係的專業研究文獻。在文獻分析中，本研究主要分析了國外學者對職業高原的研究成果。同時，隨著中國學者的研究跟進，也開始有一些博士、碩士論文和專業期刊論文將職業高原作為研究對象，因此，本研究也對中國學者職業高原方面的研究現狀進行了總結歸納。本研究根據文獻分析內容，確定本研究的研究範圍和主要研究問題，提出了研究假設。本研究在設計企業人力資源管理者職業高原調查問卷時，也採用文獻分析法收集已有對職業高原進行調查的問卷中的題項，通過修正形成本研究的調查問卷。

1.5.1.2 問卷調查法

本研究在文獻研究的基礎上，制定測量人力資源管理者職業高原的初試問卷，採用兩階段問卷調查的方法。第一階段建立研究假設，收集、分析相關研究文獻設計變量指標，形成初始問卷，通過對小樣本預調研結果進行探索性因子分析、信度和效度分析對初試問卷進行驗證修訂，對變量指標進行剔除和重新歸類，形成正式調查問卷；第二階段將問卷投入大樣本調查，根據獲得的數據進行驗證性因子分析，驗證研究假設，形成最終問卷。本研究從文獻分析中選取相對適合本研究的工作滿意度、組織支持感和離職傾向問卷，並對問卷進行檢驗，修訂為適合本研究的問卷。本研究將問卷投入大樣本正式調查，對企業人力資源管理者的職業高原、工作滿意度、組織支持感和離職傾向進行測量，進一步通過統計分析探討變量之間的關係。

1.5.1.3 統計分析法

本研究收集問卷調查數據並進行整理，使用統計分析方法對數據資料進行分析。主要運用的統計分析方法包括：問卷量表的項目分析、因素分析，量表的信度、效度檢驗；採用獨立樣本 T 檢驗和單因素方差分析對變量差異進行分析；採用相關分析和迴歸分析對變量關係進行研究；採用驗證性因素分析對職業高原的構成維度進行驗證。本研究選用的統計分析軟件是 Spss17.0 和 Amos7.0。

1.5.2 技術路線

本研究的技術路線如圖1.2所示。

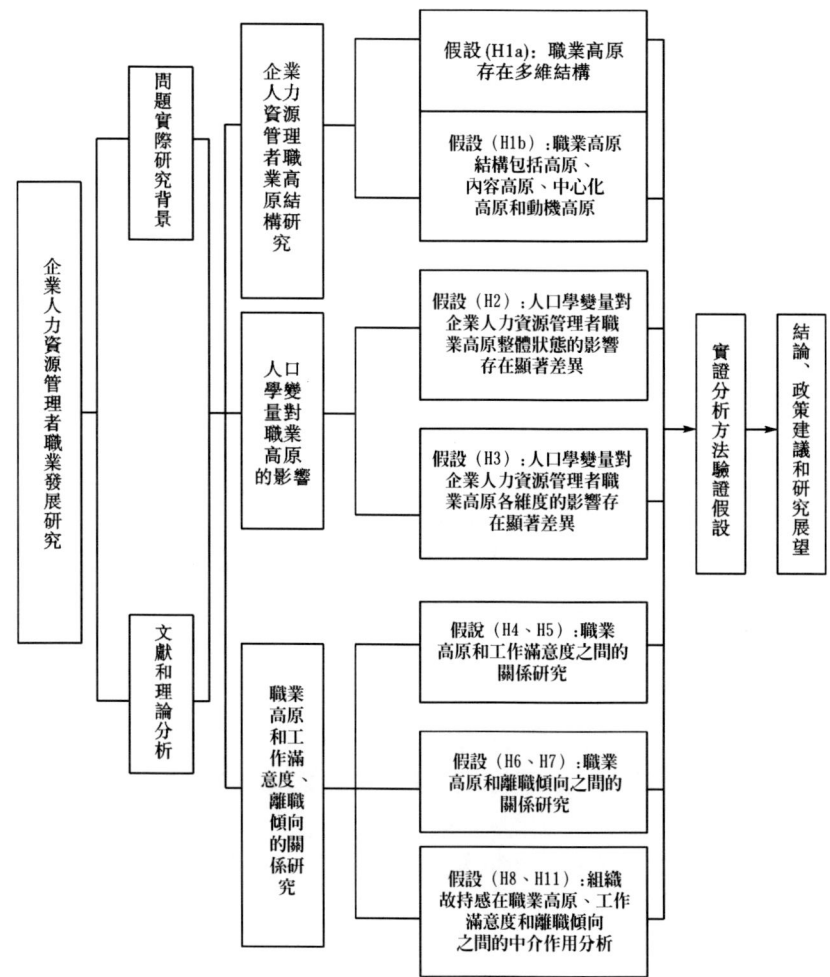

圖1.2 本研究的技術路線圖

1.5.3 主要創新點

本研究從企業人力資源管理者職業高原的構成維度為基本出發點,對職業高原的結構、職業高原的影響因素、職業高原與工作滿意度等變量之間的關係進行了理論分析和實證檢驗。主要的創新點體現在以下三個方面:

第一,構建企業人力資源管理者職業高原的四維結構。本研究根據以往研

究成果，在分析企業人力資源管理者職業高原特徵的基礎上，建立了四維度的職業高原結構模型；根據文獻分析設計初始企業人力資源管理者職業高原調查問卷，通過預調研和正式調研分析、修改和完善了職業高原調查問卷。

第二，探索了職業高原影響工作滿意度的背後機制。本研究通過分析組織支持感在職業高原和工作滿意度之間的仲介作用，發現在中國企業環境下，組織支持感在職業高原和工作滿意度的關係中起到了部分仲介作用。在組織支持感的作用下，職業高原對工作滿意度的負面影響作用會有所降低。這一研究成果從一定程度上揭示了職業高原對工作滿意度進行影響的背後機制。

第三，探索人口學變量對企業人力資源管理者職業高原的影響作用，以及職業高原與工作滿意度、組織支持感、工作滿意度和離職傾向的相互作用關係。本研究以企業人力資源管理者為研究對象，從人口學變量的影響作用下，對他們的職業高原進行探究，並對職業高原、組織支持感、工作滿意度和離職傾向的關係進行了實證調查，發現了各個人口學變量對人力資源管理者職業高原的影響作用，以及人力資源管理者職業高原對工作滿意度、組織支持感的負向影響，職業高原對離職傾向的正向影響作用。

2 企業人力資源管理者職業高原研究理論分析

2.1 研究內容的總體回顧

人力資源管理者的職業高原關係著人力資源管理者職業生涯發展的總體方向以及發展潛力。儘管有大量研究對職業高原、職業高原和工作滿意度等變量之間的關係進行探討,但是還沒有特別以企業人力資源管理者為研究對象,探討他們所面對的職業高原問題,以及他們的職業高原與工作滿意度、離職傾向等變量之間的關係的研究文獻出現。本書認為針對特定群體進行職業高原現象的研究有利於擴充職業高原的研究角度,豐富職業高原的研究內容,並為進行不同職業的職業高原現象的比較研究打下基礎。

下文主要探討研究者對職業高原概念、測量,職業高原與各個變量之間的關係,以及工作滿意度、組織支持感、離職傾向方面的相關研究,為建立本研究的研究模型提供理論依據。

2.2 職業生涯

2.2.1 職業生涯的概念

管理學中諸多理論的發展都源於心理學研究的發展和進步。心理學研究主要從兩種角度認識職業生涯:第一種角度是從個人對自己和職業的認識,選擇一個最佳的職業進入職業生涯;第二種角度是個人進入職業領域後,為了進一步適應個人經驗、工作價值觀、年齡、家庭生活和社會的變化,不斷加強自身

對職業生涯發展的管理，通過自我提升適應職業發展的變化，以維持在勞動力市場中的競爭力。

Donald E. Super 也曾給出職業生涯的概念，他認為職業生涯指一個人終生經歷的所有職業的整體歷程①。之後他又將職業生涯詳細解釋為「生活中各種事件的演進方向和歷程，是統合人一生中的各種職業和生活角色，由此表現出個人獨特的自我發展組型；它也是人自青春期起到退休之後，一連串有酬或無酬職業的綜合，甚至包括了副業、家庭和公民的角色」。

西方研究者對職業生涯的理解著重強調職業生涯本身的發展過程，主張將職業生活與個人生活發展相統一。隨著基本生活水平的改善，工作作為員工謀生手段的工具性價值作用逐漸降低，職業發展不僅成為體現個人價值的方式，也成為很多人生存的目的。對職業生涯內涵的理解應建立在所處時代的人的職業發展實際的基礎上。S. E. 施恩將職業生涯劃分為內職業生涯和外職業生涯，其中外職業生涯指員工從教育始、經工作期、直到退休的職業發展通路，包括職業發展的招聘、培訓、提拔、解雇、獎懲和退休等階段；內職業生涯主要指個人所取得的成功或滿足的主觀感情以及工作事務和家庭事務、個人消閒等其他需要之間的平衡。② Collin 和 Watts（1996）將學習引入職業生涯，認為職業生涯開發是一個人在自己生命階段中學習與工作的開發。隨著人的發展和組織形態的發展，Mirvis 和 Hall 開發了「無邊界的職業生涯」（Boundaryless Career）的概念，這一觀念認為職業生涯既包括在組織之間的移動，也包括在靈活的和沒有層級的組織之間的移動。

2.2.2 職業生涯發展的研究

對於職業生涯發展的方向，傳統觀念對職業生涯發展的理解就是職位的上升，而美國心理學家 H. Schein（1971）提出從縱向發展、橫向發展和中心發展三個維度考察員工的職業生涯發展歷程。三維發展模型擺脫了傳統組織單一的直線晉升模式，拓寬了職業發展的內涵，對組織扁平化和虛擬化時代的職業發展具有積極意義，為員工職業發展提供了多種可行模式。

本研究所探討的職業高原是員工在個人職業生涯發展中所遇到的瓶頸期。

---

① SUPER D E. The Psychology of careers [M]. NewYork：Harper，1957.
② S E 施恩. 職業的有效管理 [M]. 仇海清，譯. 北京：生活・讀書・新知三聯書店，1992.

2.3 職業高原

2.3.1 職業高原的概念

2.3.1.1 職業高原客觀概念的研究

職業高原概念的全面解釋最早是由 Ference（1977）等人提出的。他們認為職業高原是指「員工在組織中的職位晉升達到了這樣的一個位置——在這一位置上員工獲得晉升的可能性是非常低的」[1]。這種概念從晉升的角度來解釋職業高原，認為職業高原是金字塔式組織層級結構發展的結果。在正三角式組織結構中，由於沒有足夠的上層職位提供給員工，從垂直方向上來看，所有的員工都必將到達「職業高原」。在 Ference 之前，學者們[2]通常習慣從負面的角度來解讀職業高原，但是按照 Ference 的解釋，職業高原並不一定意味著員工工作效率低下。Ference 建立了管理者的職業生涯模型來解讀職業高原的含義和類別，如表 2.1 所示。

表 2.1　　　　　Ference 的管理者職業生涯模型

當前工作績效	未來晉升的可能性 低	未來晉升的可能性 高
高	堅實的雇員 （有效的職業高原） 組織高原　　個人高原	明星 （非高原期）
低	枯木 （無效的職業高原）	學習者 /新進員工 （非高原期）

在該模型中，「學習者」（新進員工）代表有發展潛力但是目前的工作績效表現低於他們潛能的員工。「明星」代表工作出色，已經獲得提拔，未來前途無量的員工。「堅實的雇員」以及「枯木」同屬於職業高原期的員工。對於「枯木」來說，因為工作績效表現低下，他們的職業高原被認為是無效的；而

---

[1] FERENCE T P, STONER J A, WARREN E K. Managing the career plateau [J]. Academy of Management Review, 1977（2）: 602-612.

[2] PETER L, HULL R. The Peter Principle [M]. New York: Morrow, 1969.

對「堅實雇員」來說，他們的高原期由於工作績效高所以被認為是有效率的。處於「有效的職業高原」的員工是為組織創造價值的中堅力量。在 Ference 等人眼中，職業高原對雇員是有積極影響的。處於有效的職業高原期的員工不會面對未來的不確定性，責任也不會再加大。這時期的員工能夠體會到滿足、安全以及工作上的舒適。

　　Ference 的研究的重要性在於他首次將研究聚焦在處於「有效的職業高原」的員工身上。而在此之前的實踐或是研究總是將焦點放在績效極差或極好的員工身上，如對於新進者，企業有新人培養計劃，對於「枯木」，有再培訓或者離職計劃。但是對仍然能夠創造價值的「堅實的雇員」，企業卻甚少關注。

　　Ference 還區分了個體高原和組織高原的概念。當員工處於「堅實的雇員」時期的個體高原時，不一定會對員工產生負面的影響。但是，當員工處於組織高原時，會對員工產生負面影響，使員工感受到壓力和沮喪。因為個體高原意味著員工認為自身還具有發展的潛力但是他所處的目前職位（公司）已經無法提供發展的機會，或者是組織對員工的個人能力失去信心而不再給予員工提升的機會。后來的 Choy 和 Savery 指出 Ference 將晉升作為職業成功的唯一標準而對職業高原進行定義顯得過於狹隘。① 但是，儘管這個定義存在狹隘性，職業高原這一概念仍然具有重要意義。因為在組織中仍然有許多員工將獲得垂直的晉升作為職業成功的重要象徵。②

　　在 Ference 之後，還有一些學者對客觀的職業高原概念進行探討。Veiga（1981）從員工流動的角度定義職業高原，認為職業高原是指管理者處於縱向晉升以及橫向發展都無望的狀態，這種解釋擴充了職業高原的概念。Harvey 和 Schultz 認為處於職業高原意味著除非個人離職去到其他組織，否則都將無法獲得晉升。③ Feldman 和 Weitz（1988）則從責任的角度定義職業高原，認為職業高原是員工接受新任務以及責任感的增加都無望的狀態。

　　對於企業人力資源管理者來說，職業高原的客觀概念意味著人力資源管理者面臨由於組織設計原因造成的職位晉升上的困難。而對於不同類型的人力資源管理者，也同樣存在 Ference 所描述的「有效高原」和「無效高原」這兩種

---

① CHOY M R, SAVERY L K. Employee plateauing: some workplace attititudes [J]. Journal of Management Development, 1998, 17 (6): 392-401.

② APPELBAUM S H, FINESTONE D. Revisiting career plateauing [J]. Journal of Managerial Psychology, 1994, 9 (5): 12-21.

③ HARVEY E K, J R SCHULTZ. Responses to the Career Plateau [D]. Bureaucrat, 1987: 31-34.

職業高原狀況。職業高原客觀概念的提出對於從直觀上認識人力資源管理者的職業高原具有重要作用。

2.3.1.2　職業高原主觀概念的研究——職業高原知覺

隨著心理學研究成果的引入，職業高原的主觀概念越來越受到研究者的關注。對高原知覺的研究關注是從 Chao 等人開始的。Chao 等人認為對於職業高原的定義關鍵在於個體對自身未來職業發展的感知。① 對職業發展的主觀感知是認識職業高原的關鍵，因為高原知覺概念強調的是個體如何審視、評估自身目前的工作狀態，以及對目前的工作狀況會採取何種應對策略。因此，如果員工個體認為自身職業晉升的可能性很小，他的這種主觀的認知——而並非他未來真實的職業發展——會影響他目前的工作態度、行為和未來的發展計劃。也就是說，高原知覺才是定義職業高原概念的關鍵。同時，在越來越多的雇員發現在組織內垂直晉升的難度加大的情景之下，高原知覺，即員工對自己職業發展遇到的瓶頸的自我感知成為組織中壓力的主要來源。② 對高原知覺的研究主要集中在高原知覺類型、高原知覺度量（Chao, 1990）以及其影響因素和帶來的后果③幾個方面。

對企業人力資源管理者來說，高原知覺的概念意味著人力資源管理者自身對自己職業發展是否處於停滯期的主觀感知，這種感知更有可能影響到人力資源管理者在工作中的行為方式。

2.3.2　職業高原構成維度的研究

2.3.2.1　國外學者對職業高原構成維度的研究

Bardwick 從職業高原來源的角度將職業高原分成三類，即結構高原、工作內容高原和生存高原（生活高原）。④ 結構（垂直）高原指員工在組織內晉升的可能性較小。工作內容高原指員工從事的工作缺乏挑戰，個人責任感降低，或工作本身枯燥乏味。生存高原指個人深陷工作之外的生活角色之中，無心應對職業發展。Allen, Poteet 和 Russell 以及 Allen, Russell, Poteet 和 Dobbins 也對這三種高原類型進行了研究（Allen, Poteet, Russell, 1998; Allen, Russell,

---

① CHAO G T. Exploration of the conceptualization and measurement of career plateau: A comparative analysis [J]. Journal of Management, 1990 (16): 181-193.

② ROSEN B, JERDEE T H. Middle and late career problems: Causes, consequences, and research needs [J]. Human Resources Planning, 1990 (13): 59-70.

③ TREMBLAY M, ROGER A, TOULOUSE J M. Career plateau and work attitudes: An empirical study of managers [J]. Human Relations, 1995 (48): 221-237.

④ BARDWICK J M. The Plateauing Trap [M]. Toronto: Bantam Books, 1986.

Poteet, et al., 1999)。在三種職業高原概念中, 研究者往往比較關注結構高原[1], 對內容高原和生存高原較少有人關注[2]。

2.3.2.2 中國學者對職業高原構成維度的研究

在職業高原的構成維度的研究方面, 中國學者在借鑑國外學者研究成果的同時, 進行了自己的發展和創新。中國研究者在分析職業高原構成維度時大多採用了三維或四維這兩種結構。不同職業高原維度的確定建立在對職業高原概念的不同理解之上。認為職業高原是由三個維度構成的研究包括: 謝寶國在碩士論文中建立的職業生涯的三維結構, 即層級高原、內容高原和中心化高原[3]; 林長華在博士學位論文中認為職業高原是由層級高原、內容高原和動機高原三個維度組成[4]。認為職業高原是由四維度構成的研究包括: 郭豪杰[5]以 Jacob Joseph[6] 的研究為理論框架, 提出國內企業員工的職業高原包括結構高原、內容高原、個人選擇高原和工作技能高原四個維度; 寇冬泉研究得出教師的職業高原是一個多維度的層級系統, 並根據教師的職業特點加入了職級高原的概念, 認為教師的職業高原是由趨中高原、內容高原、層級高原和職級高原構成[7]; 白光林[8]、凌文輇[9]和李國昊[10]探索並驗證中國文化背景下的企業管理者職業高原是由四個維度構成, 四維度結構模型包括需求滿足高原、職位發展高原、工作心態高原和技能信心高原。

從文獻分析來看, 中國學者對職業高原的維度研究主要是以國外研究者已

---

[1] MCCLEESE C S, EBY LT, SCHARLAU E A, et al. Job Content of Stress, Depression and Coping Responses [J]. Journal of Vocational Behaviour, 2007, 71 (2): 282-299.

[2] MCCLEESE C S, EBY L T. Reactions to Job Content Plateaus: Examining Role Ambiguity and Hierarchical Plateau as Moderators [J]. The Career Development Quarterly, 2006 (55): 64-76.

[3] 謝寶國. 職業高原的結構及其后果研究 [D]. 武漢: 華中師範大學碩士學位論文, 2005.

[4] 林長華. 企業員工職業高原及其對工作績效和離職傾向的影響研究 [D]. 長沙: 湖南大學博士學位論文, 2009.

[5] 郭豪杰. 職業高原的結構研究及其與工作倦怠的相關 [D]. 鄭州: 河南大學碩士學位論文, 2007.

[6] JOSEPH J. An Exploratory Look at the Plateausim Construct [J]. Journal of Psychology, 1996, 130 (3): 237-244.

[7] 寇冬泉. 教師職業生涯高原: 結構、特點及其與工作效果的關係 [D]. 重慶: 西南大學博士學位論文, 2007.

[8] 白光林. 職業高原內部結構及其產生機制探討 [D]. 廣州: 暨南大學碩士學位論文, 2006.

[9] 白光林, 凌文輇, 李國昊. 企業管理者職業高原結構維度探索及問卷編製 [C]. 2010 ETP/IITA 2010 International Conference on Management Science and Engineering: 136-139.

[10] 白光林, 凌文輇, 李國昊. 職業高原結構維度與工作滿意度、離職傾向的關係研究 [J]. 科技進步與對策, 2011 (2): 144-148.

有的研究成果為理論依據,進行在中國實際環境中的問卷調查統計分析檢驗後所形成的結果。從這些研究當中可以看出,進行職業高原的構成維度研究是探索職業高原內涵的一種有效的方式。本研究在進行企業人力資源管理者職業高原研究時,也可以通過分析職業高原構成維度的方式來探索人力資源管理者職業高原的內涵和特徵。

總體來看,從員工晉升的可能性變小來定義職業高原的職業高原客觀概念越來越少被研究者使用,而以員工主觀感受職業發展的狀態來評價職業高原的高原知覺概念越來越受到研究者的推崇。因此,本研究對職業高原的定義也採用職業高原的主觀概念——高原知覺,認為人力資源管理者的職業高原是指人力資源管理者對自身的職業發展是否處於停滯期的主觀感受;而對人力資源管理者職業高原構成維度的研究也將借鑑國內外學者的研究成果,首先從理論分析入手,對職業高原的構成維度建立研究假設,再通過實證調查方式進行進一步的研究。

2.3.3 職業高原的測量

2.3.3.1 職業高原的客觀測量方法

職業高原的客觀衡量是指採用一些客觀的可度量的指標判斷員工是否處於職業高原。主要的判斷指標包括年齡[1]、任職期或晉升間隔期[2]等。其中採用任期的方法是最為普遍的,而對於任期的選擇也分為五年任期法(Slocum, et al., 1985; Stout, Slocum, Cron, 1988)、七年任期法(Gould, Penley, 1984; Veiga, 1981)和十年任期法(Gerpott, Domsch, 1987)。在以任期為職業高原判斷標準的客觀職業生涯測量研究中,五年任期是最為普遍採用的任期年限。除了任期之外,也有學者採用單一未來晉升渠道方法來測量職業高原(Carnazza, Korman, Ference, et al., 1981; Near, 1985)。Veiga(1981)用在目前崗位上既無向上晉升也無橫向發展來衡量職業高原,這意味著員工將在現有崗位上無限期地工作下去才意味著到達職業高原。職業高原的客觀測量方法主要是採用年齡或者任期等客觀的判斷標準對員工是否處於高原期進行衡量,但對採用幾年的任期的科學性並未做出合理解釋。該方法雖然判斷標準明確,但忽略了員工是否處於高原期的心理感受。

---

[1] EVANS M G, GILBER E. Plateaued managers: their need gratigications and their effort ~ peformance expectations [J]. Journal of Management Studies, 1984 (21): 99-108.

[2] ETTINGTON D R. Successful career plateauing [J]. Journal of Vocational Behavior, 1998 (52): 72-88.

2.3.3.2 職業高原的主觀測量方法

Chao（1990）開啓了知覺職業高原的研究，同時也開發了職業高原知覺——職業高原的主觀測量方法。該方法採用員工個體所感知到的主觀體會——個體感受到的未來晉升的可能性——來判斷員工是否處於職業高原。[1] Chao（1990）和 Tremblay（1995）等人發現主觀衡量方法對職業高原的度量相比較傳統的客觀衡量方法更具有解釋力。[2] Chao 在研究中認為，之前某些研究對職業高原期員工和非職業高原期員工在進行工作滿意度等方面的分析時之所以沒有發現明顯的差異，是由於他們受到所使用的以任期為主要標準的測量職業高原的客觀方法的限制。Chao 認為這些研究結果的不一致性的一個重要原因是，職業高原的客觀測量方法是一種二分變量法，即非是即否的判斷（根據調查對象的任職或工作年限是否達到一定標準判斷被調查對象要麼處於職業高原，要麼處於非職業高原）。而 Chao 等人採用的知覺測量法是一種將職業高原看作連續變量的測量方法。這種方法對相關結果變量的預測具有較高的精確性。從高原知覺的角度來看，定義職業高原的關鍵是個體對於自己未來職業發展的體會。Chao 建議職業高原研究應該脫離對職位任期的狹隘認識，而應該從職業發展的角度進行考慮，兼顧當前組織內部以及組織外部的發展機會，同時考慮員工的一系列心理變量因素。Chao 在研究中採用比較分析的方法發現從內部工作滿意、外部工作滿意、組織認可和職業發展計劃四個方面的衡量結果顯示，職業高原的知覺測量方法比單純的按照任期的測量方法更加有效。[3]

2.3.3.3 職業高原客觀測量方法和主觀測量方法的比較

職業高原的主觀測量方法的重要性在於它從個體知覺的角度分析目前個體處於當前職業狀態的評價。如果個體認為他未來的晉升機會渺茫，他就會有所察覺，這種知覺會影響到他目前的工作態度、行為以及未來的發展計劃。因此，對職業高原的測量應該是基於個體知覺的，而不是採用其他非主觀的測量指標。繼 Chao 之後，Tremblay 等人也認為採用基於持續刻度計量的主觀測量法對職業高原進行測量對相關結果變量的解釋更具有說服力。[4] 他們研究證明採用主觀測量法測量職業高原能夠解釋12%的工作態度變量，而採用客觀測量

---

[1] CHAO G T. Exploration of the conceptualization and measurement of career plateau: A comparative analysis [J]. Journal of Management, 1990 (16): 181-193.

[2] TREMBLAY M, ROGER A, TOULOUSE J M. Career plateau and work attitudes: An empirical study of managers [J]. Human Relations, 1995 (48): 221-237.

[3] GEORGIA T Chao. Comparative Analysis Exploration of the Conceptualization and Measurement of Career Plateau: A Comparative Analysis [J]. Journal of Management 1990, 16 (1): 181-193.

[4] TREMBLAY M, ROGER A, TOULOUSE J. Career plateau and work attitudes: an empirical study of managers [J]. Human Relations, 1995, 48 (3): 221-237.

只能解釋1%,足以見得採用主觀測量法測量職業高原的科學性。儘管隨著職業高原的主觀概念受到推崇,職業高原的知覺測量方法被大量開發,但是很多學者在進行研究時仍然會考慮員工的工作年限或者任職期限,作為與職業高原知覺測量的比較,或將工作年限、任職年限與職業高原主觀體會的測量結果進行綜合,來作為判斷員工是否處於職業高原的依據,也有學者將年齡和任職期限作為影響職業高原的重要因素進行研究。

總體來看,職業高原的客觀測量是過去導向型的,是可觀測的客觀維度。主觀測量是未來導向型的,是一種體驗式的主觀維度。為了更好地詮釋職業高原的內容,有很多學者採用了這兩種方法相結合的方式來研究職業高原[1]。Michel Tremblay 和 Alain Roger 用在目前崗位上的工作時間測量客觀高原;用個體感受是否在該崗位工作過長時間、是否已經到達晉升的極限來測量主觀高原。[2] 中國學者李華根據 Chao 認為職業高原是連續變量的特點,將職業高原的連續變化過程劃分為「弱」「較強」和「強」三種狀態,對職業高原的程度進行衡量(如表2.2所示)。這是一種對將主、客觀職業高原和職業高原的連續變量特徵相結合的測量職業高原的方式的探索,但是還未得到其他研究者的認可和支持。

表2.2　　　　　　　　職業高原的分類[3]

類型	客觀職業高原	主觀職業高原
弱職業高原	未進入高原期	自我感知很小
較強職業高原	進入高原期不久	自我感知模糊
強職業高原	進入高原期較長	自我感知強烈

除了主觀測量和客觀測量外,也有研究者採用相對特殊的方式衡量員工是否處於職業高原,如 Sharon 等人曾採用所處晉升渠道的晉升速度的快慢來區分軍隊軍人是否正在經歷職業高原。[4] 他們認為按照軍隊的晉升系統,處於快速晉升通道上的是非職業高原者,處於中速晉升渠道上的既不是職業高原者也

---

[1] ETTINGTON D R. How Human Resource practices can help plateaued managers succeed [J]. Human Resource Management, 1997, 36 (2): 221-234.

[2] MICHEL TREMBLAY, ALAIN ROGER. Individual, Familial, and Organizational Determinants of Career Plateau: An Empirical Study of the Determinants of Objective and Subjective Career Plateau in a Population of Canadian Managers [J]. Group & Organization Management 1993 (18): 411-435.

[3] 李華. 企業管理人員職業高原與工作滿意度、組織承諾及離職傾向關係研究 [D]. 重慶:重慶大學博士學位論文, 2006: 33.

[4] SHARON G HEILMANN, DANIEL T HOLT, CHRISTINE Y RILOVICK. Effects of Career Plateauing on Turnover A Test of a Model [J]. Journal of Leadership &Organizational Studies, 2008, 15 (1): 59-68.

不是非職業高原者，而在慢速晉升渠道上的人屬於正在經歷職業高原者。但是這種測量方法由於難以掌握企業晉升系統和把握晉升速度的快慢，較難在企業管理者職業高原研究中開展。在對企業人力資源管理者的職業高原進行測量時，本研究認為應該遵照職業高原主流研究領域的研究方法，採用職業高原的知覺測量方法對人力資源管理者的職業高原進行度量。

2.3.4 職業高原的影響因素研究

2.3.4.1 國外職業高原影響因素研究

Ference 認為組織中職業高原產生的原因主要是金字塔式的組織結構帶來的上升職位的稀缺。除此之外，Ference 解釋了其他幾個產生職業高原的原因：①競爭——面對同一職位候選人之間的競爭；②年齡——組織更傾向於把職位提供給具有發展潛力的年輕人，因此年齡成為阻礙相對年長的員工職業發展的障礙；③組織需要——組織更需要員工停留在當前的職位以發揮出他最大的效能，而不是提升到更高級崗位。另有 Slocum 等人認為組織所採用的戰略策略也會對員工的職業高原產生影響：採取不同戰略策略（或在市場中處於不同競爭地位）的企業所採用的人力資源管理哲學及策略也是不一樣的，因此會影響到員工職業發展策略選擇。① 也有學者認為影響職業高原的因素可以分成個人因素、組織因素和文化因素三類。

1. 影響職業高原的個人因素

總結職業高原的研究文獻發現，影響職業高原的個人因素包括個體的年齡、受教育程度、在同一組織中的工作年限、家庭狀況、個性、職業期望、績效表現、所在職位前任人員的職業發展，以及員工之前經歷的職業成功等因素。

（1）年齡

由於職業高原的產生一般發生在員工進入組織工作一段時間之后，因此，年齡被認為是一種影響甚至決定職業高原的重要因素。由於年齡相對職位而言對人的需要滿足層次的影響更大，年齡相對大的員工無論處於什麼職位，對自身的收入、未來可能的回報和發展都要比年輕人更加難以得到滿足。因此，有研究證明年齡相對大的員工面對職業高原時的工作滿意度會更低②。而也有研

---

① SLOCUM J W JR, CRON W L, HANSEN R W, et al. Business strategy and the management of plateaued employees [J]. Academy of Management Journal, 1985 (28): 133-154.

② JOHN W SLOCUM JR, WILLIAM L CRON, RICHARD W HANSEN. Business Strategy And The Management of Plateaued Employees [J]. Academy Of Management Journal 1985, 28 (1): 133-154.

究者認為年齡與職業高原之間的關係是非線性的[1]。Evans 和 Gilbert 指出隨著年齡的增長職業高原和非職業高原期經理的動機差異會越來越小。[2]

(2) 任職期限

Mills 研究得出隨著任職年限的增長晉升機會會逐年下降 9%[3]；Abraham 和 Medoff 研究發現晉升機會會下降 4.3%[4]。因此，處於職業高原期的員工一般都比同職位的員工資深。另一個容易和任職期限相混淆的概念是工作年限，工作年限是指員工參加工作的整體年限，任職期限一般是指員工擔任現職的年限。相比較而言，研究者認為任職期限更能對員工的職業高原造成影響。但在中國學者的研究中，一般會將工作年限和任職期限作為兩個不同因素全部納入可能影響職業高原的因素研究當中。

(3) 受教育程度

除了年齡和任期之外，另一個受關注的影響職業高原的個人因素是受教育程度。但是有學者認為受教育程度對職業穩定性的影響是有限的，因此，受教育程度是晉升的一個條件但不是充分必要條件[5]。儘管如此，受教育程度會對職業穩定性產生間接影響，因為不同受教育程度的人所具有的事業心和採用的職業策略會有所不同[6]。

(4) 性別

Allen 等人研究發現女性員工比男性員工更容易經歷結構高原和內容高原，但是男性員工比女性員工更易被歸類為雙高原或非高原員工。[7]

---

[1] MICHEL TREMBLAY, ALAIN ROGER. Individual, Familial, and Organizational Determinants of Career Plateau: An Empirical Study of the Determinants of Objective and Subjective Career Plateau in a Population of Canadian Managers [J]. Group & Organization Management, 1993 (18): 411-435.

[2] EVANS M G, GILBERT E. Plateaued managers: Their need gratifications and their effort-performance expectations [J]. Journal of Management Studies, 1984 (21): 99-108.

[3] MILLS Q D. Seniority vs. ability in promotion decisions [J]. Industrial and Labor Relations Review, 38 (3): 421-425.

[4] ABRAHAM K G, MEDOFF J L. Length of service and promotions in union and nonunion work group [J]. Industrial and Labor Relations Review, 1985 (38): 408-420.

[5] TSCHIBANAKI T. The determination of the promotion process in organizations and of earnings differentials [J]. Journal of Economic Behavior and Organization, 1987 (8): 603-616.

[6] BAKER P M, MARKHAM W T, BONJEAN C M, et al. Promotion interest and willingness to sacrifice for promotion in a government agency [J]. Journal of Applied Behacioral Science, 1988 (24): 61-80.

[7] ALLEN T D, POTEET M L, RUSSELL J E A. Attitudes of managers who are more or less career plateaued [J]. The Career Development Quarterly, 1998, 47 (2): 159-72.

（5）人格特徵

有管理者認為個人性格會對職業高原產生強烈影響，例如，進取精神、野心、對失敗的恐懼和風險規避等這些因素都會影響到職業的流動性。[1] 那些認為自己能夠掌握自身命運的內控型的人比那些外控型的人的流動性更大（Veiga，1981）。Sandra Palmero（2001）等人通過對兼職員工和人力資源管理者的訪談發現，有三種個人個性因素會影響到職業發展：工作進步的重要性、工作時的社交關係和工作角色的重要性。Sugalski 和 Greenhaus 研究發現進步的野心以及對自身命運的控制對客觀高原無影響，但對主觀高原有影響。[2]

（6）之前的職業經歷

Michel Tremblay 和 Alain Roger 研究證明員工之前的事業成功、年齡和受教育程度會對客觀高原產生影響，而在目前崗位的任期、之前的事業成功和個性會對知覺（主觀）高原產生影響。[3]

（7）個人-家庭平衡

個人-家庭平衡也會影響到職業高原。當一個人想要花更多的時間在家庭的時候，可能會影響到他的職業高原。例如，一個人需要承擔更多的家庭責任或者為了家庭而改變工作地點都有可能帶來職業高原。一般研究中會將婚姻狀況作為衡量個人-家庭平衡的一個標準，認為已婚的人相對會比未婚的人花費更多的時間在家庭上，會更多地面對個人-家庭平衡的問題。

2. 影響職業高原的組織因素

組織結構是影響職業高原的直接因素。組織結構是否為員工的晉升提供和提供了什麼樣的晉升渠道將直接影響員工的職業高原現象（Michel Tremblay，Alain Roger，1993）。組織結構的精簡會使員工更易到達職業高原（Bardwick，1983）。組織環境的競爭性也會帶來職業高原。Near（1980）認為一些暫時性的職業高原可能是由於下屬還不具備勝任高級職位的能力。儘管如此，組織文化以及發展導向也會使那些本來具備晉升素質的管理者不能得到晉升而處於職業高原，這些都是由組織結構本身的弊病造成的。Feldman 和 Weitz 認為積極

---

[1] VEIGA J F. Plateaued versus Non-Plateaued Managers Career Patterns, Attitudes and Path Potential [J]. Academy of Management Journal, 1981, 24 (3): 566-578.

[2] SUGALSKI T D, GREENHAUS J H. Csreer exporation and goal setting among managerial employees [J]. Journal of Vocational Behacior, 1986, 29 (1): 102-114.

[3] MICHEL TREMBLAY, ALAIN ROGER. Individual, Familial, and Organizational Determinants of Career Plateau: An Empirical Study of the Determinants of Objective and Subjective Career Plateau in a Population of Canadian Managers [J]. Group & Organization Management, 1993 (18): 411-435.

的工作環境有利於職業高原傾向的降低。① 此外，也有學者認為，社會、經濟和人口統計學上這些宏觀因素所帶來的壓力而並非員工個體內部的壓力帶來了職業高原現象。②

2.3.4.2 中國學者對影響職業高原的因素的研究

在產生職業高原的原因方面，中國學者也進行了相應的研究。白光林根據施恩的職業動力學理論，提出了職業高原產生機制模型。③ 吳賢華通過文獻研究和問卷等實證手段分析得出職業高原的影響因素的結構維度是多維度，即個人因素、組織因素與家庭因素；其中組織因素對層級高原起主要作用，個人因素對內容高原起主要作用。④ 李爾通過實證分析得出 IT 企業研發人員的職業高原形成因素主要包括組織人力資源管理制度、員工個體和家庭等三個因素。⑤ 通常中國學者在進行職業高原研究時，都會將性別、年齡、婚姻狀況、工作年限、任職年限、最高學歷、職位和企業性質等人口學變量納入研究當中，分析在這些人口學變量上的職業高原差異。

從以上分析可以看出，客觀職業高原主要是由影響職業高原的組織因素造成的，主觀職業高原會受到組織因素的影響，但是否會在個體身上產生職業高原現象是受個體差異因素影響決定的。在分析企業人力資源管理者職業高原產生的原因時，既要考慮組織因素，也應該考慮企業人力資源管理者群體的特殊性以及個體的差異性對職業高原產生的影響作用。在前人研究所涉及的影響職業高原的個人因素當中，員工的性別、年齡、工作期限、任職期限、婚姻狀況和受教育程度是大多數研究所涉及的，但這些因素究竟會對職業高原造成何種影響效果，研究結論並不完全一致；而人格特徵和以前的工作經歷等因素由於度量標準等問題，並未被多數研究者關注。本研究將繼續關注前人研究的焦點，將人力資源管理者的性別、年齡、工作期限、任職期限、婚姻狀況、受教育程度和職位作為影響職業高原的個人因素加以考慮，將人力資源管理者所在企業的性質作為影響職業高原的組織因素進行研究。

---

① FELDMAN D C, B A WEITZ. Career plateaues reconsidered [J]. Journal of Management, 1988 (14): 69-80.

② DUFFY, JEAN ANN. The Application of Chaos Theory to the Career-Plateaued Worker [J]. Journal of Employment Counseling, 2000, 37 (4).

③ 白光林. 職業高原內部結構及其產生機制探討 [D]. 廣州：暨南大學碩士學位論文，2006.

④ 吳賢華. 某銀行員工職業生涯高原的影響因素結構研究 [D]. 廣州：暨南大學碩士學位論文，2006.

⑤ 李爾. IT 企業研發人員職業高原現象成因及相關問題研究 [D]. 廣州：暨南大學碩士學位論文，2009.

2.4 職業高原與結果變量之間的關係研究

2.4.1 認為職業高原會對結果變量帶來負面效果的研究

有研究發現職業高原會帶來各種組織問題（Rosen, Jerdee, 1990）。職業高原能夠使員工不安，因為職位的持續向上發展被認為是檢驗員工績效表現的一項重要指標，如果員工到達了職業高原——在一定時期內無法獲得晉升，將被認為是績效不佳的表現。[1] 還有一些學者因為職業高原可能帶來的負面結果而直接認為職業高原代表著心理上的沮喪和虛弱，而由於負面情緒的影響，員工在職業發展上會進一步導致暫時或永久性的停滯（Lemire, Saba, Gagnon, 1999; Rotondo, Perrewe, 2000）。組織高原會影響到工作態度、工作表現、工作滿意度、工作激勵以及職位任期。除此之外，高原期的經理比非高原期經理的缺勤率要高，工作滿意度低、職業壓力、離職傾向以及對組織的負面傾向都會增加。[2][3] 職業高原與工作滿意度之間的關係研究結果包括：高原知覺與工作滿意度的負相關[4][5][6][7][8]、高原知覺與工作滿意度以及職業滿意度負

---

[1] ONGORI H, AGOLLA J E. Paradigm Shift in Managing Career Plateau in Organization: The Best Strategy to Minimize Employee Intention to Quit [J]. Africa Journal of Business Management, 2009, 3 (6): 268-271.

[2] NEAR J P. The Career Plateau: Causes and Effects [J]. Business Horizons, 1980 (23): 53-57.

[3] NICHOLSON N. Purgatory or Place of Safety? The Managerial Plateau and Organizational Agegrading [J]. Human Relations, 1993, 46 (12): 1369-1389.

[4] ALLEN T D, RESSEL J A, POTEET M L, et al. Learning and development factors related to perceptions of job content and hierachical plateauing [J]. Journal of Organizational Behavior, 1999 (20): 1113-1137. TREMBLAY M, ROGER A, TOULOUSE, J. M. Career plateau and work attitudes: An empirical study of managers [J]. Human Relations, 1995 (48): 221-237.

[5] BAIK J. The influence of career plateau types on organizational members' attitude. Unpublished master thesis [D]. Sogang University, 2001.

[6] LEE P C B. Going beyond career plateau, using professional plateau to account for work outcomes [J]. Journal of Management Development, 2003 (22): 538-551.

[7] MILLIMAN J F. Cause, consequences and moderating factors of career plateauing [D]. University of Southern California, 1992.

[8] TREMBLAY M, ROGER A, TOULOUSE, J. M. Career plateau and work attitudes: An empirical study of managers [J]. Human Relations, 1995 (48): 221-237.

相關①②。

个人職業高原會降低職業發展的速度，並且會導致個體的冷漠、消極、逆反、情緒低落、離職，而這些對於雇員來說都是有害的。③ 因此，有研究認為職業高原會使員工的績效降低④，也會使一些原本能創造價值的員工離開企業⑤，直接增加離職傾向（Sharon，2008）。也有一些研究認為職業高原能降低工作滿意，增加壓力，減低績效表現，降低組織承諾，增加員工離職傾向（Heilmann，Holt，Rilovick，2008）。研究者將非高原期與內容高原、結構高原以及雙高原期經理進行比較研究。Allen，Poteet 和 Russell 研究發現雙高原期經理的工作態度比單高原期經理的工作態度要低，組織承諾和工作滿意度也要低。⑥ 就只經歷結構高原或內容高原的員工來說，經歷內容高原的經理的工作滿意度要比經歷結構高原經理的滿意度低，離職傾向要高。Carrie 等人研究發現高原期員工的工作壓力比非高原期員工的壓力大。⑦ 而處於雙高原期（內容高原和層級高原）的員工的負面壓力要大於只有垂直高原的員工。

2.4.2 認為職業高原對結果變量並非完全帶來負面影響的研究

職業高原與工作態度之間關係的研究成果存在著很多相反的結論（Xie，Long，2008）。Palmero，Roger 和 Tremblay（2001）研究發現職業高原期員工與非職業高原期員工的工作滿意度不存在明顯差異。Clark 則認為職業高原負擔並不會對員工造成負面影響，職業高原對個人還有著積極的影響作用。⑧ 因為

---

① BURKE R J. Examining the career plateau: Some preliminary findings [J]. Psychological Report, 1989 (65): 295-306.

② ETTINGTON D R. Successful career plateauing [J]. Journal of Vocational Behavior, 1998 (52): 72-88.

③ PETERSON R T. Beyond the Plateau [J]. Sales and Marketing Management, 1993 (7): 78-82.

④ APPELBAUM, STEVEN H. Revisiting Career Plateauing [J]. Journal of Management Psychology, 1994, 9 (5).

⑤ ROTONDO D M, P L PERREWE. Coping with a career Plateau: An Empirical Examination of What Works and What Doesn't [J]. Journal of Applied Social Psychology, 2000 (30): 2622-2646.

⑥ ALLEN TD, POTEET M L, RUSSELL J E A. Attitudes of managers who are more or less career plateaued [J]. Career Development Quarterly, 1998, 47 (2): 159-172.

⑦ CARRIE S MCCLEESE, LILLIAN T EBY, ELIZABETH A SCHARLAU, et al. Hoffman. Hierarchical, job content, and double plateaus: A mixed-method study of stress, depression and coping responses [J]. Journal of Vocational Behavior, 2007 (71): 282-299.

⑧ CLARK J W. Career Plateaus in Retail Management. Proceedings of the Annual Meeting of the Association of Collegiate [J]. Marketing Educators, 2005: 77-84.

在職業高原期員工不用去面對工作的不確定性以及責任的增加，因此，員工的工作滿意度會增加。職業高原期員工能夠保持較高的績效並沒有出現煩躁，而且也能保持較高的工作滿意度，是因為他們所處的職業高原能夠為他們提供尋找新的職業發展的機會。在一些美國期刊中的研究中也發現，高原雇員和非高原雇員的工作滿意度之間並沒有顯著差異[1][2]。

2.4.3 職業高原對結果變量的影響研究結果存在差異的原因分析

研究發現職業高原會對員工的心理和行為帶來負面影響，主要是因為員工把職位的縱向晉升當作工作動力的重要來源。晉升意味著工資、地位以及權力的增加，因此很多員工把職位晉升作為衡量職業成功的標準甚至唯一標準。當他們發現自己的職業處於一個平臺期時，就會帶來負面的情緒進而影響到工作效果。隨之而來的后果就是處於職業高原期的員工的離職率會增加——他們想要在企業外部尋找其他的職位晉升機會。但是近些年來的研究發現，員工對職業高原的態度正在發生改變。對某個企業擁有完全的組織忠誠的員工越來越少。在一個企業當中，隨著組織結構的扁平化發展以及中間管理層次的精簡，縱向的職業發展道路已經不是那麼順暢了。許多雇員在企業精簡機構或是縮減成本的過程中失去工作。

從宏觀上來看，大多數國家的經濟機構都在從勞動密集型向技術密集型轉變。因此，經濟的發展要求員工掌握足夠的技術和知識承擔工作。現在的員工要求企業的職位能夠為他們提供對職業發展有用的知識和技術，以增加雇員本身的可雇用性。即便企業無法為他們提供縱向的晉升，也可以通過橫向的職業變動使他們獲取新的知識，增加自己的可雇用性。因此，經歷職業高原也就變得不再尷尬，甚至會成為大多數員工的職業發展的必然經歷。

也有一些研究認為職業高原的負面影響並未被證實[3]。按照這些研究，員工到達職業高原后只是意味著機會的減少。一些雇員甚至希望到達職業高原，因為他們難以承受持續晉升所帶來的壓力。[4] 這些研究認為，職業高原是一個穩定的充滿安全感的時期，個人能夠在這個時期獲得重新向前奮鬥的動力。職

---

[1] NEAR J P. The career plateau: Causes and effects [J]. Business Horizons, 1980: 53-57.

[2] VEIGA J. Plateaued versus nonplateaued managers: Career patterns, attitudes and path potential [J]. Academy of Management Journal, 1981 (24): 566-578.

[3] FELDMAN D C, WEITZ B A. Career plateaus reconsidered [J]. Journal of Management, 1988, 14 (1): 69-80.

[4] GUNZ H. Career and Corporate Cultures [M]. Basil Blackwell: Oxford, 1989.

業高原並不一定導致挫折感。由此可見，職業高原對各個變量所帶來的影響后果的研究呈現出百家爭鳴的狀態，這也顯示了研究者對職業高原概念的深入理解以及對職業高原可能產生的影響的重視程度，為今后的研究從更深層次認識和理解職業高原、如何正確面對和處理職業高原，提供了各種研究方法和角度。

2.4.4 增加了中間變量的職業高原與結果變量之間的關係研究

相比較而言，職業高原研究一般都集中在高原類型、度量、解釋變量（Armstrong-Stassen，2008）和結果變量（Tremblay, Roger, &Toulouse, 1995）上，很少有文章討論職業高原與這些結果變量之間的調節或仲介變量（Ettington, 1998; Lentz, 2004; Lentz, Allen, 2009; Jung, Tak, 2008）。正因如此，職業高原與結果變量之間的關係讓人捉摸不透，在加入了調節變量和仲介變量之后，研究者們探求職業高原所帶來的影響將更加科學，更具說服力。

曾經被研究者當作職業高原與結果變量之間的調節變量包括個人性格、職業動機、自我效能、員工的任期、主管支持、工作特徵、工作類型、組織支持、組織環境、組織規模、指導關係等。主要研究成果包括：一些研究者（Ettington, 1998; Milliman, 1992; Palmero, et al., 2001）認為個人對職業高原的反應或多或少會受到工作類型、組織環境和個人性格的影響。之前的研究也曾經把一些工作特點方面的內容作為職業高原和工作態度之間的調節變量進行研究，包括工作豐富化的潛力、工作多樣性、自主性、角色模糊以及參與決策。除了這些變量對工作態度和員工行為的直接影響外，這些變量與職業高原之間的交互作用也會影響到員工的反應（Roger, Tremblay, 2009; Tremblay, Roger, 2004）。還有研究者認為其他個人因素，包括人生階段、職業期望、職業動力、上級支持知覺和指導也會作為仲介變量或調節變量影響職業高原和其他變量的關係（Jung, Tak, 2008; Lentz, 2004; Milliman, 1992）。產生這種差別的主要原因是個體對待職業高原的反應不同，但是有一些因素的確會限制職業高原所產生的負面作用。

Ettington（1998）認為是否能感受到上級的支持在高原知覺和工作滿意度、組織承諾之間發揮調節作用。感知到的上級支持（上級支持知覺）是指上級能夠在多大程度上對雇員提供關懷和幫助。[①] 同時，Ettington（1998）認為工

[①] GREENHAUS J H, PARASURAMAN S, WWORMLEY W M. Effect of race on organizational experience, job performance evaluations and career outcomes [J]. Academy of Management Journal, 1990 (133): 64-86.

作具有挑戰性的高原期員工比認為工作不具有挑戰性的高原期員工的滿意度更高。對於高原期員工來說，上級支持知覺對工作表現的調節作用大，而對工作滿意度的調節作用不大。但是，在 Ettington 的研究中並沒有明確區分上級支持知覺是指心理支持還是職業支持。Ettington 在之后的研究中進一步證明指導是能夠帶來益處的，但是並未證明職業高原與指導關係之間有相互作用，僅證明指導經驗和工作內容高原之間存在一定關係，但是指導並不能緩和職業高原帶來的負面作用。①

Marjorie 研究發現以工作為中心（工作在個人生活中佔有比較重要甚至主要的位置）和自我效能與工作內容高原負相關，特別是對於年長的管理者和專業員工來說更是如此。② 感受到的組織支持和來自組織、上級、團隊成員的尊重與工作內容高原負相關。

Chao（1990）認為任期是高原知覺與職業計劃之間的調節變量。在不同任期的員工對待職業高原所採取的職業計劃可能是不一樣的。當一個員工在任職早期感受到職業高原時，他可能會採取積極的職業計劃去戰勝職業高原；但如果他已經任職較長而又面臨職業高原時，他可能會放棄這些長期發展的職業計劃。相反的是，如果是非職業高原期的員工，無論他的任期長短，都會採取積極措施制訂職業發展計劃。

Par 和 Yoo 研究發現情緒智商和組織支持是高原知覺和其結果變量之間的調節變量。③ 他們發現高情緒智商的高原期員工比低情緒智商的高原期員工的離職傾向要低。同時，具有高組織支持感的高原期員工對工作的滿意度更高，相比較低組織支持感的員工更不傾向於離開組織。

James（2005）認為組織規模也是職業高原與各種結果之間的調節變量。大型的組織比小型組織會提供更多的競爭以及充分的獎勵系統。因此，根據組織類型的不同，職業高原的結構以及應對策略都會有所差異。有研究認為小企業的低工資、低工作要求更有可能產生組織高原。與此相對應，大公司的高要求以及高回報會降低組織高原產生的可能性，但是會增加個人高原的機會。如果確實如此，那麼組織規模也會成為影響職業高原的因素。

---

① ELIZABETH LENTZ. The Link Between the Career Plateau and Mentoring – Addressing the Empirical Gap [D]. University of South Florida, 2004.

② MARJORIE ARMSTRONG-STASSEN. Factors associated with job content plateauing among older workers [J]. Career Development International, 2008, 13 (7): 594-613.

③ PARK G, YOO T. The impact of career plateau on job and career attitudes and moderating effects of emotional intelligence and organizational support [J]. Korea Journal of Industrial and Organizational Psychology, 2005 (18): 499-523.

韓國學者 Ji-hyun Jung 和 Jinkook Tak 考察了以職業動機和感知到的上層支持為調節變量的高原知覺與工作滿意度以及組織承諾之間的關係。[1] 研究發現高原知覺與工作滿意和組織承諾之間負相關。採用分層多重迴歸分析顯示職業動機是高原直覺與組織承諾之間的顯著調節變量。上級支持知覺對職業高原和工作滿意以及組織承諾之間的關係起到了調節作用。

Benjamin 等人認為當控制了個體和組織的積極工作環境以及工作滿意度和年齡時，組織的職業指導會降低員工的職業高原傾向和離職傾向。[2] 其中，職業指導也被看作是組織支持的一個組成部分。Samuel 檢驗了職業高原與工作滿意、組織承諾以及離職傾向之間的關係以及指導的調節作用。[3] 研究得出職業高原與工作滿意、組織承諾負相關，與離職傾向正相關。職業指導在職業高原與工作滿意、離職傾向的關係之間發揮顯著的調節作用。

2.4.5　中國學者對職業高原與結果變量之間的關係進行的研究

中國學者對職業高原所帶來的影響研究基本遵循了國外學者的研究路徑，主要是研究職業高原與工作滿意度、組織承諾、離職意願、工作績效、工作倦怠以及人口統計學變量之間的關係。這些研究主要包括：

謝寶國探討了職業高原構成維度與工作滿意度、組織承諾和離職意願的關係，得出的結論包括：中心化高原對員工的外源工作滿意度和內源工作滿意度具有顯著影響，內容高原對員工的組織承諾和離職意願具有顯著影響；工作任期對職業高原與外源工作滿意度或內源工作滿意度之間的關係未起到調節作用；內容高原或中心化高原會降低員工工作滿意度，進而降低員工對組織的忠誠度，增加離職意願。[4]

白光林發現職業高原會增加離職傾向，而對工作績效沒有顯著影響。[5]

---

[1] JI-HYUN JUNG, JINKOOK TAK. The Effects of Perceived Career Plateau on Employees' Attitudes: Moderating Effects of Career Motivation and Perceived Supervisor Support with Korean Employees [J]. Journal of Career Development, 2008, 35 (2): 187-201.

[2] BENJAMIN P FOSTER, TRIMBAK SHASTRI, SIRINIMAL WITHANE. The Impact Of Mentoring On Career Plateau And Turnover Intentions Of Management Accountants [J]. Journal of Applied Business Research, 2011, 20 (4).

[3] SAMUEL O SALAMI. Career Plateuning and Work Attitudes: Moderating Effects of Mentoring with Nigerian Employees [J]. The Journal of International Social Research, 2010 (3): 499-508.

[4] 謝寶國. 職業生涯高原的結構及其后果研究 [D]. 武漢：華中師範大學碩士學位論文，2005.

[5] 白光林. 職業高原內部結構及其產生機制探討 [D]. 廣州：暨南大學碩士學位論文，2006.

李華在博士論文中構建了企業管理人員職業高原的結構方程模型，證明了客觀職業高原與主觀職業高原顯著正相關。① 客觀職業高原僅對組織承諾有顯著正效應；主觀職業高原對工作滿意度、組織承諾有顯著負效應，對離職傾向有顯著正效應；工作滿意度和組織承諾對離職傾向有顯著負效應，而工作滿意度對組織承諾有顯著正效應。

　　郭豪杰研究得出結構高原、內容高原和個人高原三者同工作倦怠的三個維度都顯著相關；技能高原只同工作倦怠的成就感降低維度顯著相關；並提出了應對職業高原的九條建議。②

　　寇冬泉認為教師職業生涯總體高原及趨中高原、內容高原和層級高原三因子與工作投入、工作績效和工作滿意度顯著負相關，與離職意向呈顯著正相關；職級高原與工作投入顯著負相關，與離職意向顯著正相關。③

　　林長華的研究顯示在職業高原的構成維度中，層級高原相對內容高原和動機高原而言對員工工作績效具有更強的預測力，動機高原相對內容高原而言對員工績效具有更強的預測力；而在職業高原的各維度對離職傾向變異的解釋中不存在顯著差異。④

　　李爾認為IT研發人員的職業高原形成因素與工作績效具有相關性；不同性別、年齡、學歷、工作年限的IT研發人員的職業高原形成因素存在顯著差異，在婚姻情況和職稱兩個維度IT研發人員的職業高原沒有顯著差異。⑤

　　陳怡安和李中斌以福建地區高校的工商管理碩士（MBA）學員為研究對象，實證了客觀職業高原與主觀職業高原與工作滿意度、組織承諾及離職傾向之間的影響關係。⑥

　　陳子彤、金元媛和李娟通過對武漢、深圳等地區373名企業知識型員工的問卷實證分析，檢驗了職業高原與工作倦怠之間的關係。研究結果表明：職業

---

　　① 李華. 企業管理人員職業高原與工作滿意度、組織承諾及離職傾向關係研究 [D]. 重慶：重慶大學博士學位論文，2006.
　　② 郭豪杰. 職業高原的結構研究及其與工作倦怠的相關 [D]. 鄭州：河南大學碩士學位論文，2007.
　　③ 寇冬泉. 教師職業生涯高原：結構、特點及其與工作效果的關係 [D]. 重慶：西南大學博士學位論文，2007.
　　④ 林長華. 企業員工職業高原及其對工作績效和離職傾向的影響研究 [D]. 長沙：湖南大學博士學位論文，2009.
　　⑤ 李爾. IT企業研發人員職業高原現象成因及相關問題研究 [D]. 廣州：暨南大學碩士學位論文，2009.
　　⑥ 陳怡安，李中斌. 企業管理人員職業高原與工作滿意度、組織承諾及離職傾向關係研究 [J]. 科技管理研究，2009（12）：437-430.

高原及其維度均與工作倦怠顯著正相關，影響程度由強到弱依次為層級高原、內容高原、中心化高原。①

白光林、凌文軺和李國昊研究認為職業高原對工作滿意度和組織承諾具有顯著的負向影響，並會導致員工離職傾向的增加；職業高原會通過工作滿意度和組織承諾部分仲介作用於離職傾向，工作滿意度也會通過組織承諾部分仲介作用於離職傾向。②

從以上文獻總結中可以看出，中國學者對職業高原和結果變量之間的關係進行了一些實證研究，但是由於對職業高原概念的認識、職業高原測量方法的差異以及所採用的測量工具的不同等原因，這些研究並未得出一致的結論。這也為進一步進行職業高原與各個變量之間的研究打下基礎，並啓發研究者採用更加科學可信的方法梳理這些關係，對這些關係進行進一步的探究。在這些被研究者關注的調節變量和仲介變量中，組織支持感被當作一種重要的影響職業高原和結果變量之間關係的中間變量。廣義的組織支持感包括主管（上級）支持。本書在探討企業人力資源管理者職業高原和結果變量之間的關係時，可以借鑑前人的研究成果，選擇組織支持感作為中間變量進行研究分析，並採用相對廣義的組織支持感概念，認為組織支持感是員工感受到的組織重視員工貢獻和關心員工利益的程度。

2.5 工作滿意度

2.5.1 工作滿意度的內涵

從霍桑試驗開始，研究者就發現員工工作的高效率與工作滿意度是影響企業生產發展的根本。為此，泰勒（1911）提出高報酬能夠提高工作滿意度。Hoppock（1935）發表的博士論文《工作滿意度》（Job Satisfaction）開啓了對工作滿意度的正式研究。他在論文中首次提出工作滿意度的概念，認為工作滿意度是工作者心理與生理兩方面對環境因素的滿足感受，即工作者對工作情境的主觀反應。而 Herzberg 將工作的滿意與不滿意進行了細緻區分，並分析了帶

---

① 陳子彤，金元媛，李娟. 知識型員工職業高原與工作倦怠關係的實證研究 [J]. 武漢紡織大學學報，2011（4）：31-33.
② 白光林，凌文軺，李國昊. 職業高原與工作滿意度、組織承諾、離職傾向關係研究 [J]. 軟科學，2011（2）：108-111.

來工作滿意的激勵因素和帶來工作不滿意的保健因素，說明工作報酬屬於保健因素，僅能夠防止員工不滿意情緒的產生，而像社會認可、工作成就等與工作直接相關的因素才是產生滿意感的激勵因素。① Alderfer（1969）對 Maslow 的需求層級理論進行了修訂，提出 ERG（Existeneeneeds, Relatendnessneeds, Growthneeds）理論，認為實現自己的願望才能得到滿意。期望理論的創始人 Vroom（1982）將工作態度（Job Attitudes）和工作滿意（Job Satisfaction）當作可替換的概念，他認為工作滿意度是「個人對其充當的工作角色所保持的一種情感傾向」。這些學者從不同的角度定義了工作滿意度，並建立了自己的理論體系。

　　Herzberg（1959）揭示了內源性工作滿意度與外源性工作滿意度的構成，為人們理解工作滿意的來源和內涵提供了依據。內源性工作滿意度（Intrinsic Job Satisfaction），也稱內部工作滿意度，是人們對工作任務本身滿意與否的感受。外源性工作滿意度（Extrinsic Job Satisfaction），也稱外部工作滿意度，是人們對各種除工作之外的外部的工作情境滿意與否的感受。

　　Weiss 等學者（1967）將工作滿意度分為內在滿意度、外在滿意度。其中內在滿意度即內源性工作滿意度，是指員工對與工作內容本身相關的因素的滿意程度，主要包括員工對工作本身的活動性、獨立性、創造性、變化性、穩定性、工作上職權的大小以及所做工作的道德價值觀、責任感、成就感、社會地位、職能地位以及運用能力的機會的滿意程度；外在滿意度即外源性工作滿意度，是指工作者對在工作中所獲得的薪資、讚賞、升遷、公司政策以及實施方式、組織文化、領導方式、工作環境、同事關係的滿意程度。

　　在工作滿意度影響因素的研究方面，Locke（1976）發現公平的待遇、良好的工作環境、領導、同事與下屬以及工作本身等因素會影響工作滿意度。Buchko 等人（1992）研究指出：個人因素對工作滿意度的解釋占 10%～30%的變異量，情境因素占據剩下的 40%～60%，另外的 10%～20%的變異量由它們之間的相互作用產生。②

2.5.2　工作滿意度的測量

　　工作滿意度的測量方法主要有單一整體評估法和工作要素綜合評分法兩

---

①　HERZBERG F, MAUSNER B, SNYDETLNAN B. The Motivation to Work［M］. NewYork：John Wiley&Sons Inc., 1959.

②　BUCHKO A. Empoyee owerership, Attitudes and Turnover：An Empirical Assessment［J］. Human Relations, 1992（45）：711-734.

種。其中，單一整體評估法要求被試者對工作的總體感受做出回答。這種測量方法可以瞭解員工對工作的相對滿意度程度，但是由於沒有進行具體評估要素的劃分，無法對企業出現的具體問題進行診斷。工作要素綜合評分法則是將工作滿意度進行多維度劃分並對不同維度進行調查，在等級評定后，得出總體滿意程度的結果。這種方法雖然複雜，但結果較為精確。對工作滿意度的測量相對成熟的量表是明尼蘇達滿意度量表和工作描述指標量表。該量表由 Weiss, Dawis, England 和 Lofquist（1967）編製而成，它分為長式量表（21 個量表）和短式量表（2 個分量表）。短式量表包括內在滿意度和外在滿意度兩個分量表。實踐證明此量表具有較好的信度、效度。

2.6 離職傾向

2.6.1 離職傾向的含義和相關研究

離職傾向是指員工在某一組織中工作一段時間后，經過一番考慮，蓄意要離開該組織。[1] 離職傾向被認為是一系列撤退的認知——想要離開組織並試圖尋找其他工作機會的最后一個階段，對員工離職行為的發生具有良好的預測性。

國外從 20 世紀初開始關於員工離職的研究。經濟學家最早關注這一領域，他們主要考察工資、勞動力市場結構和失業率等宏觀因素對員工離職的影響。20 世紀 70 年代工業心理學家開始對員工離職進行研究，這時的學者們主要構建員工離職模型，從個體層面研究員工離職的決定因素，試圖揭示員工離職決策的過程。

國內關於員工離職的研究主要有兩種思路：一種是企業員工離職因素研究；另一種是評價國外研究中的離職動因模型，並在此基礎之上進行實證研究驗證模型。中國學者張勉和趙西平等人曾對西安地區的企業員工離職進行問卷調查，採用迴歸因子分析方法提取工作滿意度、工作壓力感、組織承諾和經濟報酬評價四個主要因子，發現影響員工離職的關鍵因素包括對提升的滿意感、

---

[1] MOBLEY W H. Intermediate Linkages the Relationship between Job Satisfaction and Employee Turnover [J]. Journal of Appiled Psychology, 1977 (62): 238.

對工作本身的滿意感、事業生涯開發壓力感、情感承諾和對報酬的滿意感等因素。①② 張勉等人採用迴歸分析對 Price（2000）離職意願的路徑模型進行了實證研究，證明影響離職的主要決定變量包括工作滿意度、組織承諾度、工作搜尋行為、工作投入度、機會、期望匹配度、積極情感、晉升機會、職業成長度和工作單調性等十個因素。③ 葉仁蓀、王玉芹、林澤炎等人對國有企業員工進行問卷調查，建立的相關模型顯示：工作滿意度、組織承諾和員工離職顯著負相關，而且工作滿意度對員工離職傾向具有更大的解釋性，工作滿意度和組織承諾在解釋員工離職傾向上具有跨文化效度。④

2.6.2 離職傾向的測量

早期的研究者通常用離職率和生存曲線來計算離職傾向。而 Price（1971）及其他的學者提出應該重視員工自願與非自願的離職行為。Muchinsky 和 Tuttle（1979）指出：大多數的研究都很難分清離職是自願還是非自願的，實際的離職很難測量；由於實際的離職很難測量，最好的方法是通過離職的意願來衡量員工是否主動離職。

Fishbein 和 Ajzen（1975）提出預測個體行為最好的方法是測量他的行為意願。測量離職意願能夠相對較早地瞭解員工對企業的看法和關於工作的心理意願，有助於企業及早發現問題並做出員工管理上的改進。測量離職傾向的方法主要是測試員工未來留在企業的可能性和尋找其他工作的可能性。

2.7 組織支持感

2.7.1 組織支持感的含義

在大量增加了中間變量的職業高原與結果變量的關係研究當中，組織支

---

① 張勉，李樹茁.雇員主動離職心理動因模型評述［J］.心理科學進展，2002，10（3）：337-339.
② 趙西平，劉玲，張長徵.員工離職傾向影響因素多變量分析［J］.中國軟科學，2003（3）：71-74.
③ 張勉，張德，李樹茁.IT 企業技術員工離職意圖路徑模型實證研究［J］.南開管理評論，2003（4）：12-19.
④ 葉仁蓀，王玉芹，林澤炎.工作滿意度、組織承諾對國企員工離職影響的實證研究［J］.管理世界，2005（3）：122-125.

持、上級支持（主管支持）和指導關係被認為是重要的中間變量。

美國心理學家艾森伯格等人於 1986 年提出「感受到的組織支持」（Perceived Organizational Support，簡稱「組織支持」，英文簡稱 POS）。定義是：員工感受到的組織珍視自己的貢獻和關係自己福利的程度[1]。1988 年，科特克提出「感受到的主管支持」（Perceived Supervisory Support，簡稱「主管支持」，英文簡稱 PSS）。組織支持的概念是以社會交換理論和利益共同體理論為基礎，進一步探討員工與企業之間的關係。組織支持感可以有狹義和廣義的概念劃分，如表 2.3 所示。在廣義的組織支持感中主管支持（上級支持）是包含在組織支持感之內的。本研究採用相對廣義的組織支持感概念，認為組織支持感是員工感受到的組織重視員工對工作的貢獻和組織關心員工利益的程度，包括組織對員工情感上的支持、組織對員工工作的工具性支持以及來自主管和同事的支持等方面。

表 2.3　　　　　　廣義和狹義的組織支持感[2]

組織支持感	維度	具體維度
狹義	一維	情感性支持
相對狹義	二維	情感性支持和工具性支持
相對廣義	四維	情感性支持、工具性支持、上級支持和同事支持
廣義	更多維	情感性支持、工具性支持、發展性支持、上級支持和同事支持

2.7.2　組織支持感的測量

組織支持感的測量方式與組織支持感的定義和構成維度設計相聯繫。國外現有相關研究一般將組織支持感理解為一個單一結構，基本上都採用了 Eisenberger 設計的單維量表。[3] 但單維的測量難以全面反應組織支持的廣泛內涵。國內現有的涉及組織支持感的調查往往照搬國外問卷，或籠統地把眾多組織行為因素歸入組織支持感。如劉智強（2005）將組織支持感區分為職業協助支持、上級支持、公正性支持、工作保障支持、尊重支持、親密支持和社群支持

---

[1] EISENBEGRER R, HUNTINGTON R, HUTCHISON S, et al. Pereeived organizational support [J]. Journal ofApplied Psychology, 1986 (71): 500-507.

[2] 陳志霞. 知識員工組織支持感對工作績效和離職傾向的影響 [D]. 武漢：華中科技大學博士學位論文，2006: 414.

[3] EISENBERGER R, HUNTINGTON R, HUTCHISOM S, et al. Perceived Organizational Support [J]. Journal of Applied Psychology, 1986 (2): 500-507.

等 7 個維度。陳志霞（2006）在博士論文中編製了組織支持感的二維、四維和多維問卷，並對問卷的信度、效度進行分析，比較不同問卷對工作績效和離職傾向的預測作用。其編製的四維問卷對組織支持感具有相對真實而全面的解釋，且具有良好的信度、效度和預測作用。

2.8 本章小結

本章重點回顧了職業高原的概念、構成維度和測量方法，這些回顧是人力資源管理者職業高原研究的理論基礎。然後，本章對職業高原的影響因素、職業高原對結果變量的影響作用等研究成果進行了回顧，重點分析了職業高原對結果變量的影響效果如何，在這種影響關係中是否存在仲介變量或調節變量。這一回顧為研究人力資源管理者職業高原的影響因素、對結果變量的影響效果以及作用機理打下了基礎。

職業高原概念的產生以對職業生涯概念的認識為基礎。本研究所認為的職業生涯概念以 Donald E. Super 的職業生涯概念為基礎：職業生涯是一個人一生經歷的所有職業的整體歷程。個體大多數的職業經歷是在一個或多個組織中完成的。在某個特定組織當中，個體總會關注自身在該組織中處於什麼樣的位置，是否還存在晉升的空間。Ference 等人將員工在某個組織內的職位晉升到達一個不存在其他上升可能性的狀態稱作職業高原，由此開啟了研究者對職業高原的研究。對職業高原概念的認識經歷了從傳統的職位晉升的角度發展到包括橫向的職位變動角度，直至從主觀認知到自身職業發展的瓶頸期——高原知覺角度來定義職業高原的演變過程。為了對某個理論概念進行深入理解和研究，可以從這一概念的構成維度角度進行分析。職業高原的構成維度的劃分依據主要是職業高原的來源。在職業高原的構成維度研究中，被國內外學者普遍認同的職業高原構成維度是內容高原和結構高原。但另一職業高原可能的構成維度——中心化高原被中國學者所關注，其價值得到了一定研究成果的支持。另一維度動機高原是從員工高原知覺角度理解職業高原維度的構成要素。對職業高原的測量也依據對職業高原概念的理解經歷了職業高原的客觀測量和職業高原的主觀（知覺）測量的轉變。結合職業高原的構成維度，目前在國內外研究中已經形成了一些相對成熟的職業高原測量問卷。但由於對職業高原概念和維度的認識並未達成一致，對職業高原的測量並未形成完善的測量問卷，這也為企業人力資源管理者職業高原測量問卷的開發提供了理論基礎和研究

空間。

　　本章還列舉了職業高原的個人和組織影響因素，其中重點分析了個人影響因素當中的性別、年齡、工作期限、任職期限、婚姻狀況、受教育程度、職位和組織影響因素當中的企業性質。在本研究的進一步論述中將對這些影響因素進行具體的實證研究。很多研究者已經發現職業高原會對員工的心理和行為產生影響作用，如對員工的工作績效、工作滿意度、離職傾向等因素帶來的影響，但這一影響作用究竟是積極的還是消極的並未得出統一定論，這為研究者進一步討論職業高原對其后果因素帶來的影響，探索這種影響作用的背後機理提供了研究空間。一些可能的仲介變量和調節變量已經開始受到研究者的關注，如組織支持感。因此，探索職業高原對其結果變量的作用效果及其背後機理也是本研究的一個重要部分。本章還對職業高原能夠影響的結果變量——工作滿意度和離職傾向，以及可能的中間變量——組織支持感的內涵和測量方法進行了文獻回顧和總結，為本研究進一步實證調查中相關概念的定義和測量工具的選擇提供了研究基礎。

3 企業人力資源管理者職業高原結構的實證研究

通過第 2 章文獻回顧可以看出,職業高原是員工在職業發展過程中處於與職業發展的各方面相關的進一步向前運動的相對停滯期。按照 Ference 等人的研究,職業高原並非對個體的職業發展只有消極的影響:從職業高原為員工的事業發展提供了一個冷靜和重新思考學習的機會來說,職業高原期員工是組織依靠的中堅力量,職業高原期也是個人事業發展的一個緩衝期;人們對職業高原的不同看法之間的矛盾似乎也暗示著職業高原不是一個單維度的概念,而是一種複雜的現象。從文獻回顧來看,鮮有文獻專門針對企業人力資源管理者進行職業高原研究,但作為企業管理者的組成部分,本研究認為人力資源管理者的職業高原與其他管理者和知識員工既有共性也有自己的特點。因此,本研究對人力資源管理者的職業高原進行理論架構時借鑑了已有職業高原的研究成果,認為企業人力資源管理者的職業高原也是一個多維結果,同時,通過實證分析發現了人力資源管理者職業高原的特性。這一章將採用實證研究的方式對企業人力資源管理者的職業高原構成維度進行理論構建並檢驗,採用的統計研究工具包括 Spss17.0 和 Amos7.0。

3.1 企業人力資源管理者職業高原結構維度分析

3.1.1 企業人力資源管理者職業發展路徑和職業生涯發展困境分析

職業通道是指一個員工的職業發展計劃:對企業來說,可以讓企業更加瞭解員工的潛能;對員工來說,可以讓員工更加專注於自身未來的發展方向並為之努力。這一職業發展計劃要求員工、主管以及人力資源部門共同參與制訂。

員工提出自身的興趣與傾向，主管對員工的工作表現進行評估，人力資源部門則負責評估其未來的發展可能。職業通道設計的方式有三種。第一，橫向職業通道。這種模式採取工作輪換的方式，通過橫向調動來使工作具有多樣性，使員工煥發新的活力、迎接新的挑戰。雖然沒有加薪或晉升，但員工可以增加自己對組織的價值，也使自己獲得了新生。當組織內沒有足夠多的高層職位為每個員工提供升遷機會，而長期從事同一項工作使人倍感枯燥無味，影響員工工作效率時，可採用此種模式。第二，雙重職業通道。這種模式在為普通員工進行正常的職業通道設計時，為專才另外設計一條職業發展的通道，從而在滿足大部分員工的職業發展需要的同時，滿足專業人員的職業發展需要。其模式是：管理生涯通道——沿著這條道路可以通達高級管理職位；專業生涯通道——沿著這條道路可以通達高級技術職位。在這種模式中，員工可以自由選擇在專業技術通道上或是在管理通道上得到發展，兩個通道同一等級的管理人員和技術人員在地位上是平等的，因此能夠保證組織既聘請到具有高技能的管理者，又雇傭到具有高技能的專業技術人員。它適合在擁有較多的專業技術人才和管理人才的企業中採用。第三，多重職業通道。這種模式就是將雙重職業通道中對專業技術人員的通道設計成多個技術通道，為專業技術人員的職業發展提供了更大的空間。比如說某技術公司為員工設計的職業發展通道是：技術人員通道—技術帶頭人通道—技術管理人員通道。這種模式為員工提供了更多的職業發展機會，也便於員工找到與自己興趣相符、真正適合自己的工作，實現自己的職業目標；也增加了組織效益。

　　按照施恩的職業通道理論，員工在組織的職業發展包括縱向發展、橫向發展和向核心發展三個基本方向。企業人力資源管理者在組織中的職業發展也存在三種可能（如圖3.1所示）。

　　其中，縱向發展意味著員工在垂直方向從現有職位向更高的職位方向發展。在縱向發展上，人力資源管理者可以按照企業在人力資源管理崗位的職位序列，沿人力資源助理崗位向上發展，逐級成為人力資源管理各職能主管（招聘主管、薪酬福利主管、績效主管、培訓主管等）、人力資源部門主管、人力資源部門經理以及人力資源總監，甚至到達更高層次的管理職位。橫向發展意味著員工通過從事不同種類工作內容的職位，豐富自己的知識和閱歷，成為某方面或某幾個方面專業的通才。同時，某些橫向發展也是為了未來的縱向發展打基礎。在橫向發展上，人力資源管理者可以選擇成為管理通才，也就是在某一行業或業務單元中具體執行多項人力資源管理職能。作為人力資源管理通才，既需要理解和掌握組織中各項人力資源管理政策和措施，包括人力資源

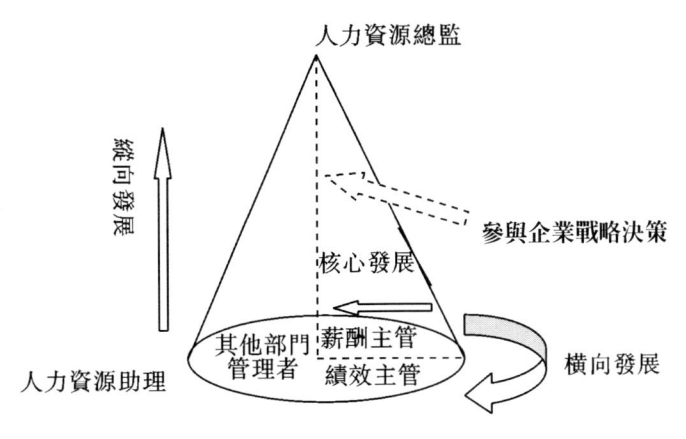

图 3.1　人力資源管理者的職業生涯發展路徑

管理業務模塊中的招聘、培訓、績效考核和員工職業生涯規劃，同時也需要具備良好的信息收集處理和溝通能力，需要把實踐工作中所遇到的各種專業問題反饋給高級人力資源管理者或者相關的人力資源管理專家。在實踐中，人力資源管理者的縱向和橫向的發展往往是互相促進、交錯進行的。如果從全面意義上的橫向發展來看，人力資源管理者也可以進入其他職能部門從事其相關工作。特別是想要晉升到高層管理崗位的人力資源管理者，如果擁有其他部門，例如業務部門或營運部門的工作經驗，對於勝任高層次的管理工作是有益的。向核心方向發展意味著員工雖然沒有縱向晉升，職位也沒有發生平行的移動，但是組織通過賦予員工更大或更多的工作責任、更多的組織資源，使員工成為組織的中心。員工由於其所從事的工作內容本身受到企業的重視，或者是在企業發展中遇到重大決策時能夠參與甚至影響決策，雖然員工的職位沒有上升，可能經濟報酬也不發生改變，但能擁有更多的權力和資源，對於員工的職業生涯來說，也是一種肯定，也意味著職業生涯的發展。企業的人力資源管理者是否能夠向核心發展，取決於企業高層管理者對人力資源管理的認知和企業整體的人力資源管理水平。如果企業的高層管理者認識到人力資源管理的戰略重要地位，企業的人力資源管理者也具備能夠為企業的經營管理提供行政支持、變革諮詢以及戰略發展意見的知識和能力，那麼，人力資源管理者就更有可能參與甚至影響企業的各項重大決策，企業人力資源管理者自身也向著企業的管理核心靠攏。施恩的三維職業發展理論可以進一步擴展為跨越組織邊界的四維度

職業發展模型。① 即當員工離開當前組織時，就發生了跨越組織邊界的第四個職業發展緯度。

儘管按照理論分析，企業人力資源管理者可以擁有多樣化的職業發展路徑，但是在現實的企業環境當中，人力資源管理從業人員的職業發展道路卻呈現出迷局狀態。主要原因包括：

（1）企業中人力資源管理者的職業發展路徑並不明確，雖然存在以上分析的人力資源管理者可能的職業發展路徑，但在現實的企業當中，人力資源管理者職業生涯發展的主觀性很強，其晉升道路並不十分明確。

（2）人力資源管理專業進入壁壘低，有不同背景和經驗的人都可以較為輕鬆地進入人力資源管理領域，導致人力資源管理人員的職業發展更為複雜。

（3）中國並未建立起健全的人力資源管理者職業發展體系，雖然已經擁有人力資源管理的相應職業資格考試體系，但並未得到企業人力資源管理實踐領域的完全認可。因此，對於如何評價人力資源管理的成功，人力資源管理者對自身的績效預期並不明確。與企業當中的財務、市場、銷售部門相比較，大多數人力資源管理者並不能完全認識到人力資源管理對企業起到什麼作用，因此，人力資源管理者對自身的職業發展道路也並不明晰。

（4）人力資源管理人員在企業內部的工作主要是忙於滿足員工的各種需求以及如何提高人力資源管理部門的地位，為企業的員工進行職業規劃，卻往往忽略了自己的職業規劃。

儘管面臨職業發展的困惑，企業人力資源管理人員仍具有較強的成就感，對於自身的成長和發展非常重視。英才網聯的「2008中國HR職場狀態調查報告」顯示，60%的企業人力資源管理人員最關注自身發展空間，他們最渴望從企業中獲得各種學習機會來培養自己。人力資源管理職業發展路徑呈現出複雜的狀態。人力資源管理人員作為企業人力資源管理職能部門的員工，肩負普通行政人員和管理者的雙重身分，他們的職業生涯發展的規劃和設計非常重要，他們生涯發展的困難使他們的職業高原呈現出複雜維度的特徵。職業生涯發展的局限性和人力資源管理者對自身發展關注之間的矛盾體現了進行企業人力資源管理者職業高原研究的必要性。

3.1.2 企業人力資源管理者職業高原的構成維度分析和研究假設的提出

從各種對職業高原進行研究的文獻中可以看出，有一些研究認為職業高原

---

① 黃春生. 工作滿意度與組織承諾及離職傾向相關研究 [D]. 廈門：廈門大學博士學位論文，2004：51-55.

意味著雖然員工的事業發展面臨停滯，但是能夠有更多的時間冷靜思考機會。因此職業高原對個人今後的工作和生活是有幫助的，而對於組織來說，高原期員工是組織發展的「中堅力量」。更多的研究結果卻表明，職業高原對個體的職業發展是有阻礙作用的。這些矛盾的研究結果暗示了職業高原並不是一個單維度結構，而是一種更加複雜的現象。本研究所研究的企業人力資源管理者的職業高原，是隨著對職業高原的深入研究，根據Chao等人的研究得出的職業高原知覺概念，人力資源管理者是否存在職業高原的重點在於人力資源管理者個體對自身職業生涯發展是否處於停滯期的主觀體會。就此分析，企業人力資源管理者的職業高原是一種多維度結構，並可以從人力資源管理者職業發展所可能遇到的阻礙角度來分析人力資源管理者的職業高原的構成維度。

按照對企業人力資源管理者職業生涯發展路徑的三種假設，在每一種發展路徑上，或員工在不同職業發展路徑上的交錯發展中，都有可能遇到職業生涯發展的瓶頸——職業高原期。職業高原不僅代表著員工在企業中的垂直發展遇到障礙，也意味著員工自身感受到的職業發展的阻礙。

謝寶國曾按照施恩的職業生涯模式建立了包括層級高原，內容高原和中心化高原的職業生涯的三維結構。[①] 按照前文進行的人力資源管理者職業生涯發展路徑分析，本研究認為人力資源管理者的職業高原至少由三個維度構成：結構高原、內容高原和中心化高原。之所以用結構高原代替層級高原，是因為層級高原從字面上理解更多地代表員工在職位的縱向晉升中所遇到的困難，而結構高原的含義不僅可以包括縱向晉升受阻，也包括職業的橫向變動受阻，這一概念更加符合對職業高原概念的深入理解。因此，結構高原指人力資源管理者在人力資源管理崗位從低職位向高職位發展或在職位的橫向變動中受挫，遭遇到發展障礙。內容高原是指人力資源管理者感受到人力資源管理工作內容一成不變，或難以獲得新的知識技能以供職位的提高和轉換。中心化高原指人力資源管理者感受到自身和自己的工作不被組織重視，無法參與企業的重要決策，不能向組織的「中心」方向移動。在實際情形下，人力資源管理者可能面對其中的某一種或幾種職業高原，而這些職業高原的產生是受到多種因素影響的。

除了從職業發展方向上考慮的職業高原的三個維度外，我們在對職業高原的研究資料的分析過程中發現，許多學者認為員工個人的工作動機對員工的職

---

① 謝寶國. 職業生涯高原的結構及其后果研究 [D]. 武漢：華中師範大學碩士學位論文，2005.

業發展有著明顯的影響。因此在對職業高原的維度劃分研究中，有學者將個人選擇高原、生活高原納入職業高原的構成維度。中國華中科技大學的學者劉智強在其博士論文中通過大樣本調查，研究發現影響員工職業發展產生停滯感的原因主要有三個，即動機匱乏、能力不濟和機會缺失，並認為動機匱乏是影響員工職業發展產生停滯感的一個最主要的因素。① 對於企業人力資源管理者來說，也可能因個人工作興趣和生活重心發生轉移，不再願意在組織中承擔更大責任的任務。而職位的升遷和變動往往會和承擔更大責任、承擔新的挑戰相互聯繫。因此處於這種情況的人力資源管理者出於對自身工作能力和工作精力的考慮，可能會傾向於滿足於目前的職業現狀，放棄對職業進一步發展的追求。因此，本書認為有必要將動機高原作為職業高原的一個構成維度，以便對企業人力資源管理者的職業高原進行構成維度的全面的研究。

事實上，根據發展理論，員工很難到達職業發展的絕對高原（即無論在組織內部還是組織外部均沒有任何發展的出路），因此，本研究所指的職業高原是指員工在目前組織中的工作（職業發展）面臨的困境。同時，企業人力資源管理者面臨的職業高原是由四個維度構成的，這四個維度的定義分別是：結構高原，指在當前組織結構中職位變動的可能性很小；內容高原，指員工不能從當前工作中獲得新的知識和技能；中心化高原，指員工在當前的職位上向組織中心轉移的可能性很小，承擔重要工作的機會很少；動機高原，指員工出於自身原因不願意承擔新的工作任務和挑戰，致使自身的職業發展處於停滯階段。在這四個構成維度中，結構高原、內容高原和中心化高原是從工作角度考慮的職業高原構成維度，而動機高原是從人力資源管理者自身角度考慮的職業高原構成維度。

本書對人力資源管理者的職業高原結構給出兩個假設：

假設1（H_{1a}）：職業高原存在多維結構。

假設2（H_{1b}）：職業高原結構由結構高原、內容高原、中心化高原和動機高原組成。

---

① 劉智強.知識員工職業停滯測量與治理研究［D］.武漢：華中科技大學博士學位論文，2005：77-89.

3.2 企業人力資源管理者職業高原量表設計

3.2.1 企業人力資源管理者職業高原量表設計方法

量表是一種測量工具，它是試圖確定主觀的、有時是抽象的概念的定量化測量的程序。對事物的特性變量可以用不同的規則分配數字，因此形成了不同測量水平的測量量表，又稱為測量尺度。目前對職業高原的測量方法雖然在國內外都沒有形成一個公認的測量工具，但是已經有部分國內外學者對職業高原的構成維度進行了分析並形成了具有一定測量效果的問卷。在採用問卷設計方法對職業高原進行測量時，本研究不準備對職業高原的測量問卷進行完全的重新設計，而是根據理論分析指導，採用借鑑已有問卷的測量項目，初步設計出人力資源管理者職業高原調查問卷。本研究採用兩階段測試方法，根據初試樣本調查數據，探索企業人力資源管理者職業高原的基本構成；再通過修訂的問卷，採用大樣本調查方法，根據所得數據，採用結構方程對企業人力資源管理者職業高原量表進行信度和效度分析。本研究在此基礎上開發出適合中國企業文化環境的職業高原問卷，為完善企業員工職業高原的測量工具做出貢獻。

3.2.2 企業人力資源管理者高原初始量表設計

對於企業人力資源管理者職業高原測量量表的設計，本書首先在文獻分析和企業人力資源管理者工作特點分析上提出了企業人力資源管理者職業高原構成的多維結構。本研究在構建企業人力資源管理者的職業高原問卷時，首先採用文獻收集方式，在職業高原的各個維度的測量方面對各個職業高原的測量問卷項目進行收集匯總分析，以建立調查問卷的初始條目。其次，對根據文獻收集方法構建好的問卷採用「專家效度」的方法進行檢驗，對問卷包含的題項進行逐一檢視，看題項內容是否能夠真正測量出構念所要表達的含義，並查看語句表達是否貼切。最后再通過發放問卷對問卷結果進行統計檢驗的實證方法，驗證調查問卷是否能夠有效解釋所構建的職業高原概念。

3.2.2.1 職業高原量表項目設計

職業高原是一個不能夠直接觀測到的潛變量，儘管有研究者直接根據任職者的任職年限或年齡來劃分職業高原，但職業高原知覺研究的始創者 Chao 等人已證明這種客觀測量法的不科學性會導致測量結果的多樣性。早期的職業高原研究者喜歡用客觀高原和主觀高原相結合的方式來探討職業高原問題，一般

而言，採用任現職年限來測量客觀高原，而採用讓調查對象回答主觀問題來測量主觀高原。主觀職業高原的調查問題往往是簡單而直白的，例如「你認為你任現職的時間足夠長了嗎？」「我目前處於一個沒有晉升前途的位置上」①。對於兩個問題均回答「是」的人被認為是處於職業高原期，都回答「不是」的人被認為是處於非職業高原期，而某一題目回答「是」另一題目回答「不是」的人被認為是「不能確定者」。隨著對主觀高原——高原知覺研究的深入，人們更希望從職業高原量表問題設計上探究被調查者產生職業高原的背後原因，因此，開始選用構成維度方式測量職業高原。本研究對人力資源管理者職業高原的測量同樣採用構成維度劃分的主觀測量方法，通過項目得分情況反應被調查者的職業高原程度。

在對職業高原進行了結構高原、內容高原、中心化高原和動機高原的維度劃分后，這四個維度仍然是不能夠直接觀測到的變量。因此，需要將這些潛變量轉化為可以直接觀測的顯變量。在對潛變量進行測試的項目選擇上，主要遵循的原則包括測量項目的直觀性、每個項目測量潛變量的某一個側面、每一項目清晰表達一個概念、避免項目之間意義的重複。我們根據以上原則來確定企業人力資源管理者職業高原各個維度的測試項目。同時，由於職業高原對於大多數人來說屬於比較敏感的問題，因此在問卷設計的某些項目中採用了反問題方式以獲得被試者的真實回答，例如將「在本公司，我不能得到上級的不斷提拔」項目修改為「在本公司，我能得到上級的不斷提拔」；同時在問卷指導語中也明確告知被調查者「本問卷不記姓名，答案沒有對錯之分」「您的回答將被嚴格保密」等。

具體到四個維度的測量項目設計，結構高原和內容高原的測量項目主要選取國外相對成熟的問卷中的測試項目，這些測試項目也得到了國內研究者的認可。中心化高原測量的項目選取主要借鑑國內研究者謝寶國的研究成果，他提出的中心化高原和寇冬泉提出的趨中高原很相似，這個概念主要是從員工能否向組織的中心方向流動的角度來定義職業高原的，即員工能否參與到企業的經營決策中以獲得更高的職業發展體驗。林長華在對中心化高原進行研究之后發現，該高原的表現不是很典型，所以將這一高原剔除。但根據前文對人力資源管理者職業發展路徑的理論分析，企業人力資源管理職能在企業管理中的地位也影響到人力資源管理者本身的職業發展，因此本研究將中心化高原作為企業

---

① MICHEL TREMBLAY, ALAIN ROGER, JEAN MARIE TOULOUSE. Career Plateau and Work Attitudes: An Empirical Study of Managers [J]. Human Relations, 1995 (48): 221.

人力資源管理者職業高原的一個構成維度進行檢驗。對動機高原的測量項目選取則借鑑了林長華的研究，認為企業人力資源管理者個人對工作的看法與追求也會影響到職業高原程度。企業人力資源管理者職業高原四個構成維度的操作性定義如表 3.1 所示。

表 3.1　　企業人力資源管理者職業高原各維度的操作性定義

職業高原	維度說明
結構高原	企業人力資源管理者在縱向晉升和橫向職位變動中受阻
內容高原	企業人力資源管理者在工作中獲得成長的機會受阻
中心化高原	企業人力資源管理者承擔重要工作的機會受阻
動機高原	企業人力資源管理者缺乏職業生涯上再做發展的個人動力

每個維度具體測量項目的選取參照了之前國內外研究者對職業高原的量表研究成果，本研究最終分別採用 7 個測試題目對職業高原各個結構維度進行測量。其中，每個具體維度的項目編號和項目描述如表 3.2 所示。

表 3.2　　企業人力資源管理者職業高原的測量項目

潛變量	項目編號和項目描述
結構高原	JG1 在本公司，我不可能獲得一個更高的職別或職稱 JG2 在本公司，我不能得到上級的不斷提拔 JG3 在本公司我將要升職的可能性很小 JG4 在當前的組織內，我升遷的機會非常有限 JG5 在本公司我已經升到了我難以再繼續上升的工作職位 JG6 在今後不久的一段時間內，我不能夠被提拔到一個更高層次的崗位 JG7 由於工作性質和職務設計等原因，我近 5 年內平級調動的可能性很小
內容高原	NR1 我當前的工作沒有機會讓我學習和成長 NR2 我的工作缺乏挑戰性 NR3 我的工作已經不需要我擴展我的能力和知識 NR4 當前工作很難使我獲得新的工作經驗 NR5 對於我來說，我的工作任務和活動已變成重複性勞動 NR6 目前這份工作已經不能開拓我的視野 NR7 目前這份工作不能進一步豐富我的工作技能

表3.2(續)

潛變量	項目編號和項目描述
中心化高原	ZXH1 上級不會賦予我更多的工作權力 ZXH2 我提出的有關公司工作意見或建議，不會受到領導的重視 ZXH3 在目前工作中，我沒有機會參與組織問題解決過程 ZXH4 在目前工作中，我沒有機會參與公司的決策、計劃制訂 ZXH5 在目前工作中，我不能獲得更多的組織資源 ZXH6 在本公司，我沒機會承擔更大責任的任務 ZXH7 上級不會讓我負責一些重要的事務
動機高原	DJ1 我不願意爭取升職，因為升職要承擔更多的責任 DJ2 我工作主動性明顯下降 DJ3 我不願再接受挑戰性任務 DJ4 我對自己的工作不自信 DJ5 我寧願保持現狀，也不願冒險或嘗試新事物 DJ6 我不喜歡和同事競爭以獲取升職的機會 DJ7 我更希望把精力投給家庭，而不是工作

3.2.2.2 職業高原量表項目的屬性設計和尺度設計

按照職業高原知覺理論的分析，職業高原不應該是一種二分變量而應該成為一種具有強度差別的連續變量。但為了測量和分析的方便，本研究選取的變量主要是離散變量，並選用等距尺度對項目進行度量。在度量分數選擇時為了避免被試者的趨中反應，採用了強迫選擇法，去掉了中間的「不確定」選項，採用Likert6點計分法對項目進行反應。李克特量表（Likert Scale）屬於評分加總式量表最常用的一種，屬同一構念的這些項目是用加總方式來計分的，單獨或個別項目是無意義的。它是由美國社會心理學家李克特於1932年在原有的總加量表基礎上改進而成的。其中，「非常不同意」得分為1，「比較不同意」得分為2，「有點不同意」得分為3，「有點同意」得分為4，「比較同意」得分為5，「非常同意」得分為6。得分越高代表被試者的職業高原反應越強烈。為了避免被調查者隨意選擇，或對職業高原現象中過多的負面描述有所排斥，我們在正式發放問卷中將JG2、JG6、NR1、NR3、NR6、NR7、ZXH2、ZXH3、ZXH4、ZXH5、ZXH6、ZXH7修改為正向描述的題目，如將「在本公司，我不能得到上級的不斷提拔」修改為「在本公司，我能得到上級的不斷提拔」，具體問卷形式見附錄。因為這些修改后的題目與項目想要測試的職業高原反應程度是相反的，即如果在本條目上得分越高，代表職業高原程度越低，因此在利用統計軟件SPSS17.0進行統計分析時要採用反向題反向計分法加以處理。

3.3 預調研和問卷的檢驗

3.3.1 初試問卷的設計、發放和回收

預調研問卷由問卷題目、說明、指導語、問題和答案以及結束語五部分組成。其中，題目是「企業人力資源管理者職業高原現象調查問卷」；說明部分主要闡明問卷調查的目的、調查內容和對問卷的保密措施，為了打消被調查者的顧慮，強調「本問卷不記姓名，答案沒有對錯之分」，並附感謝語，請求被調查者合作；指導語是對問卷如何填寫的說明，對如何填寫正確回答問題的陳述和注意事項進行說明；問題和答案是調查問卷的主體內容，由三部分構成，第一部分是個人職業發展和工作環境中相關問題的看法問卷，第二部分是工作滿意度問卷（后續研究內容），第三部分是個人基本情況，包括年齡、性別、文化程度、婚姻狀況、工作年限、任現職年限、崗位層級和單位性質等信息；結束語部分提醒填寫者對問卷進行復核，避免錯答和漏答，並對被調查者的合作表示感謝。

問卷的發放採用實際發放和網路發放兩種渠道。實際發放採用調查者委託在人力資源管理領域工作的朋友及朋友推薦方式進行發放；網路發放採用「問卷星」網站中的「樣本服務」方式進行發放。為了避免網路發放答卷中被調查者真實情況的不確定性，我們採用了如下方式進行防範：①利用網站提供的付費樣本服務，從其樣本庫中指定由企業人力資源管理者進行答卷（網站樣本服務保證被調查者進入樣本庫之前需要提供真實樣本屬性，例如年齡、性別、職業、收入等個人資料）；②在網頁問卷設計時首先建立了甄別頁，對年齡不符合要求（如「18歲以下者」）、工作單位不符合要求（如「高校」「事業單位」「政府機關」等）、工作崗位不符合要求（如「生產」「市場行銷」「財務」「研發」「採購物流」等）的被調查者直接進行排除，如果被調查者選擇了被排除項將不能進入正式問卷的答題頁面；③在正式答卷中設定了答題的最低時間，根據之前直接發放方式對答卷時間的估算，答題的最低時間在10分鐘左右，將此作為最低答卷時間要求，如果答題時間（在答題頁面的停留時間）達不到10分鐘，將不能提交問卷；④為了避免重複答卷，設定IP地址答卷，每個網路IP地址只能答題一次；⑤採用「人工排查」方式，由研究者本人對極端值選擇問卷進行人工排查；⑥採用發郵件方式隨機抽取答卷者進行回訪，以核實其身分、工作經歷以及對本調查的相關看法。

本研究通過以上方式收回問卷214份，排查問卷14份，得到有效問卷200份，有效問卷率為93.46%。問卷的個人信息統計匯總如表3.3所示。

表 3.3　　　　　　　　預試樣本的描述統計（n=200）

項目	類別	人數（人）	百分比（%）
性別	男	85	42.4
	女	115	57.5
年齡	18~25 歲	30	15.0
	26~30 歲	67	33.5
	31~40 歲	93	46.5
	41~50 歲	9	4.5
	51 歲以上	1	0.5
在當前企業工作年限	4 年以下	71	35.5
	5~10 年	81	40.5
	11~15 年	39	19.5
	16~20 年	3	1.5
	21 年以上	6	3.0
在當前職位上的工作年限	1~3 年	72	36.0
	3~5 年	65	32.5
	5~8 年	46	23.0
	大於 8 年	17	8.5
婚姻狀況	未婚	54	27.0
	已婚	145	72.5
	離異	1	0.5
	分居	0	0
	喪偶	0	0
學位	大學專科以下	6	3.0
	大學專科	32	16.0
	大學本科	138	69.0
	碩士研究生及以上	24	12.0
職位	普通人力資源管理者	32	16.0
	基層經理	50	25.0
	中層經理	87	43.5
	高層經理	31	15.5
企業性質	國有企業	38	19.0
	民營企業	75	37.5
	外資企業	53	26.5
	合資企業	34	17.0

3.3.2 預調研問卷的統計分析

將預調研問卷回收,所有數據錄入 Excel 表格中,並接入 SPSS17.0 接口程序,進行統計分析。利用 SPSS17.0 中的反向提問項目處理工具將 JG2、JG6、NR1、NR3、NR6、NR7、ZXH2、ZXH3、ZXH4、ZXH5、ZXH6、ZXH7 等答案進行正向轉換,以便進一步進行統計處理。採用統計軟件 SPSS17.0 對問卷進行項目分析、信度和效度分析以及相應處理。

3.3.2.1 項目分析

1. 決斷值——臨界比分析

項目分析的主要目的在於檢驗編製的量表中個別題項的貼切程度或可靠程度。在項目分析中,最常用的方法是臨界比值法,即極端值法。主要目的在於求出問卷個別題項的決斷值——CR 值。根據測驗總分或分量表總分區分高分組和低分組被測者,採用獨立樣本 T 檢驗方法求出 CR 值並進行判斷。如果項目的 CR 值達到顯著性水平,即 $P<0.05$,表明這個項目能夠鑑別不同被試的反應程度。對未達到顯著性程度的項目可以優先考慮進行剔除。本調查共回收有效樣本 200 人,按照標準選擇分量表總項目得分前 27% 為高分組,得分後 27% 為低分組,檢驗高、低分組在題項上的差異。按照這種方法對結構高原分量表、內容高原分量表、中心化高原分量表和動機高原分量表中各項目進行檢驗,其決斷值結果如表 3.4 所示。

表 3.4　企業人力資源管理者職業高原量表中項目的決斷值

項目編號	決斷值（CR）	項目編號	決斷值（CR）	項目編號	決斷值（CR）	項目編號	決斷值（CR）
JG1	17.023(***)	NR1	7.586(***)	ZXH1	8.412(***)	DJ1	12.694(***)
JG2	10.155(***)	NR2	10.699(***)	ZXH2	13.337(***)	DJ2	10.995(***)
JG3	16.059(***)	NR3	7.670(***)	ZXH3	12.617(***)	DJ3	12.004(***)
JG4	16.186(***)	NR4	10.226(***)	ZXH4	12.840(***)	DJ4	10.247(***)
JG5	11.385(***)	NR5	10.006(***)	ZXH5	9.890(***)	DJ5	13.504(***)
JG6	9.705(***)	NR6	10.300(***)	ZXH6	10.351(***)	DJ6	10.966(***)
JG7	12.993(***)	NR7	8.883(***)	ZXH7	13.179(***)	DJ7	8.783(***)

（註：＊表示 P<0.05,＊＊表示 P<0.01,＊＊＊表示 P<0.001）

根據決斷值檢驗結果,企業人力資源管理者職業高原量表中的 28 個項目的高、低分組的區別性比較強,說明這些項目具有比較顯著的鑑別能力。因

此，根據決斷值判斷未能剔除任何項目。除了採用極端組作為項目分析的指標外，還可以採用同質性檢驗作為個別題項的篩選標準。具體方法是採用 Pearson 相關係數檢驗法進行檢驗。對企業人力資源管理者職業高原中四個構成維度的各項目和職業高原總分進行 Pearson 相關檢驗后發現顯著性水平均小於 0.01，同樣未能剔除任何題項。由於採用臨界比分析法會受到分組標準的影響，因此這種區分度不能作為篩選項目的唯一標準。因此本研究進一步採用信度分析——科隆巴赫 α（Cronbach's α）系數對項目進行篩選。

2. 信度分析

信度代表量表的一致性或穩定性，信度系數在項目分析中是同質性檢驗的指標之一。在社會學科領域採用李克特量表的信度估計，採用最多的是科隆巴赫 α（Cronbach's α）系數，即內部一致性系數。一般情況下，如果量表包含的題項數目越多，內部一致性 α 系數一般越高，在刪除一道題后，量表的 α 系數會相對變小，若刪除一道題后 α 系數變大，則表示此題測量的行為或心理特質與量表其他項目測量的行為或特質是不同質的，此題可考慮刪除。在進行量表信度分析時要考慮的一個問題是，如果量表包含的因素構念是兩種以上的不同面向，則計算這些面向的加總分數並沒有實質性意義，因此，在對量表進行內部一致性 α 系數檢驗時要以各不同的因素構念作為子量表分別進行計算。對於企業人力資源管理者職業高原結構量表來說，因為它是由結構高原、內容高原、中心化高原和動機高原四個面向組成，因此在進行 α 系數分析時要針對這四個面向分別進行信度檢驗。

信度檢驗具體的操作步驟為：第一步，剔除校正后項目總相關係數小於 0.5 的觀測項目；第二步，剔除那些項目刪除后可以提高科隆巴赫 α（Cronbach's α）系數的觀測項目，以提高量表整體的信度；第三步，在剔除觀測項目時，採用逐步剔除法，每次剔除質量最差的觀測項目，以使分量表的科隆巴赫 α（Cronbach's α）系數達到信度系數最佳的水平。

（1）結構高原項目信度分析

結構高原分量表的項目數為 7，初始 Cronbach's α 系數為 0.889，已經達到了理想的水平，同時根據項目統計表，剔除結構高原中的任何一個題目后分量表的 Cronbach's α 系數均會降低，因此，結構高原分量表的信度水平良好，不需要剔除任何項目。結構高原項目總計統計量如表 3.5 所示。

表 3.5　　　　　　　　結構高原項目總計統計量

項目	項已刪除的刻度均值	項已刪除的刻度方差	校正的項總計相關性	項已刪除的Cronbach's Alpha 值
JG1	18.99	31.010	0.728	0.867
JG2	18.90	32.959	0.654	0.876
JG3	18.58	30.707	0.793	0.859
JG4	18.38	31.232	0.778	0.861
JG5	18.74	32.927	0.584	0.884
JG6	18.69	33.170	0.607	0.881
JG7	18.23	31.836	0.644	0.877

（2）內容高原項目信度分析

內容高原分量表的項目數為 7，初始 Cronbach's α 系數為 0.788。儘管該信度水平是可以接受的，但通過刪除個別項目的統計量分析可以看出，NR4 項目的校正相關係數最低，為 0.379，且刪除該項目後內容高原分量表的 Cronbach's α 系數會提高。除此之外，NR3 的校正相關係數也小於 0.5，也可以考慮剔除。內容高原項目總計統計量如表 3.6 所示。

表 3.6　　　　　　　　內容高原項目總計統計量

項目	項已刪除的刻度均值	項已刪除的刻度方差	校正的項總計相關性	項已刪除的Cronbach's Alpha 值
NR1	16.65	19.736	0.507	0.764
NR2	15.97	17.662	0.597	0.744
NR3	16.69	20.527	0.382	0.783
NR4	15.52	18.663	0.379	0.794
NR5	15.52	18.281	0.515	0.761
NR6	16.48	17.608	0.647	0.734
NR7	16.64	18.433	0.630	0.741

按照信度分析步驟，首先剔除項目 NR4 後，剩下的包含 6 個項目的內容高原的 Cronbach's α 系數會提高為 0.794，因此首先剔除 NR4 項目。對剔除 NR4 後剩下的所有項目進行統計分析。

在表 3.7 中發現 NR3 的校正相關係數為 0.382，小於 0.5；同時，如果剔

除 NR3，剩下的包含 5 個項目的內容高原的 Cronbach's α 系數會提高為 0.798，再剔除 NR3 進行分析。

表 3.7　　　剔除 NR4 項目后內容高原項目總計統計量

項目	項已刪除的刻度均值	項已刪除的刻度方差	校正的項總計相關性	項已刪除的 Cronbach's Alpha 值
NR1	13.26	14.151	0.549	0.764
NR2	12.57	12.769	0.575	0.757
NR3	13.29	15.063	0.382	0.798
NR5	12.12	13.678	0.439	0.792
NR6	13.09	12.319	0.690	0.727
NR7	13.25	12.980	0.683	0.732

在表 3.8 中發現 NR5 的校正相關係數為 0.464，小於 0.5；同時，如果剔除 NR5，剩下的包含 4 個項目的內容高原的 Cronbach's α 系數會提高為 0.799，再剔除 NR5 進行分析。

表 3.8　　　剔除 NR3 項目后內容高原項目總計統計量

項目	項已刪除的刻度均值	項已刪除的刻度方差	校正的項總計相關性	項已刪除的 Cronbach's Alpha 值
NR1	11.04	11.250	0.499	0.783
NR2	10.35	9.786	0.569	0.763
NR5	9.90	10.368	0.464	0.799
NR6	10.87	9.283	0.708	0.716
NR7	11.03	9.954	0.686	0.728

在表 3.9 中發現 NR2 的校正相關係數為 0.463，小於 0.5；同時，如果剔除 NR2，剩下的包含 3 個項目的內容高原的 Cronbach's α 系數會提高為 0.828，再剔除 NR2 進行分析。剔除 NR2 后的分析結果如表 3.10 所示。

表 3.9　　　剔除 NR5 項目后內容高原項目總計統計量

項目	項已刪除的刻度均值	項已刪除的刻度方差	校正的項總計相關性	項已刪除的 Cronbach's Alpha 值
NR1	7.65	6.883	0.568	0.770

表3.9(續)

項目	項已刪除的刻度均值	項已刪除的刻度方差	校正的項總計相關性	項已刪除的Cronbach's Alpha 值
NR2	6.96	6.451	0.463	0.828
NR6	7.48	5.577	0.718	0.691
NR7	7.64	5.982	0.732	0.691

表3.10　　剔除 NR2 項目后內容高原項目總計統計量

項目	項已刪除的刻度均值	項已刪除的刻度方差	校正的項總計相關性	項已刪除的Cronbach's Alpha 值
NR1	4.70	3.608	0.597	0.846
NR6	4.53	2.743	0.720	0.733
NR7	4.69	2.989	0.758	0.690

最終分析結果，剔除內容高原中的 NR4、NR3、NR5、NR2 項目後，企業人力資源管理者內容高原分量表的 Cronbach's α 系數提高到 0.828，達到理想的信度水平。

(3) 中心化高原信度分析

中心化高原分量表的初始 Cronbach's α 系數為 0.862，已經達到理想水平。但通過刪除個別項目的統計量分析可以發現，ZXH1 的校正相關係數為 0.408，且刪除該項目後，中心化高原分量表的 Cronbach's α 系數會增加，因此可以考慮剔除 ZXH1 項目。在剔除項目後，中心化高原分量表的 Cronbach's α 系數提高到 0.877。

在表 3.11 中發現 ZXH1 的校正相關係數為 0.408，小於 0.5；同時，如果剔除 ZXH1，剩下的包含 6 個項目的中心化高原的 Cronbach's α 系數會提高為 0.877，剔除 ZXH1 進行分析。

表3.11　　中心化高原項目總計統計量

項目	項已刪除的刻度均值	項已刪除的刻度方差	校正的項總計相關性	項已刪除的Cronbach's Alpha 值
ZXH1	15.53	21.195	0.408	0.877
ZXH2	15.84	19.411	0.743	0.827
ZXH3	15.91	19.519	0.759	0.825

表3.11(續)

項目	項已刪除的刻度均值	項已刪除的刻度方差	校正的項總計相關性	項已刪除的Cronbach's Alpha 值
ZXH4	15.69	18.344	0.755	0.823
ZXH5	15.85	21.093	0.580	0.849
ZXH6	15.67	21.076	0.540	0.854
ZXH7	15.81	20.101	0.686	0.835

如表3.12所示，在剔除ZXH1項目后，剩餘的6個中心化高原項目與中心化高原的相關性均大於0.5，且如果再剔除任何一項，中心化高原的Cronbach's α 系數都不會再提高，因此，不用再剔除任何項目。

表3.12　　剔除ZXH1項目后中心化高原項目總計統計量

項目	項已刪除的刻度均值	項已刪除的刻度方差	校正的項總計相關性	項已刪除的Cronbach's Alpha 值
ZXH2	12.99	14.718	0.738	0.847
ZXH3	13.06	14.766	0.762	0.843
ZXH4	12.84	13.683	0.766	0.842
ZXH5	13.00	16.286	0.558	0.876
ZXH6	12.82	15.920	0.570	0.875
ZXH7	12.96	15.104	0.715	0.851

(4) 動機高原信度分析

動機高原分量表的初始Cronbach's α 系數為0.869，已經達到理想水平。但通過刪除個別項目的統計量分析可以發現，DJ7的校正相關係數為0.451，小於0.5，且刪除該項目后，動機高原分量表的Cronbach's α 系數會增加，因此可以考慮剔除DJ7項目。在剔除項目后，動機高原分量表的Cronbach's α 系數提高到0.876。動機高原項目總計統計量如表3.13所示。剔除DJ7項目后動機高原項目總計統計量如表3.14所示。

通過對企業人力資源管理者職業高原的四個構面的項目總體相關分析后，總共剔除了NR4、NR3、NR5、NR2、ZXH1、DJ7六個項目，企業人力資源管理者職業高原量表項目還剩下22個項目。

表 3.13　　　　　　　　動機高原項目總計統計量

項目	項已刪除的刻度均值	項已刪除的刻度方差	校正的項總計相關性	項已刪除的Cronbach's Alpha 值
DJ1	16.68	27.758	0.685	0.845
DJ2	16.23	28.821	0.612	0.856
DJ3	16.76	28.940	0.697	0.844
DJ4	16.93	29.346	0.662	0.849
DJ5	16.73	27.929	0.769	0.834
DJ6	16.48	29.276	0.653	0.850
DJ7	16.11	31.391	0.451	0.876

表 3.14　　　　　剔除 DJ7 項目后動機高原項目總計統計量

項目	項已刪除的刻度均值	項已刪除的刻度方差	校正的項總計相關性	項已刪除的Cronbach's Alpha 值
DJ1	13.47	21.567	0.683	0.855
DJ2	13.02	22.814	0.579	0.873
DJ3	13.55	22.661	0.691	0.853
DJ4	13.72	22.587	0.702	0.851
DJ5	13.52	21.437	0.800	0.834
DJ6	13.27	22.980	0.643	0.861

3.3.2.2　探索性因子分析及其結果

在對量表進行項目分析后，為了檢驗量表的建構效度，即量表所能測量的理論的概念或特質的程度，需要對量表進行探索性因子分析。探索性因子分析的目的在於找出量表潛在結構，減少題項數目，使量表變成一組數目相對較少而彼此相關性較大的變量。

本研究運用 Kaiser-Meyer-Olkin（KMO）和 Bartlett 球形檢驗法對變量間的特點進行檢驗。Kaiser（1974）認為可從選取的適當性數值（Kaiser-Meyer-Olkin Measure of Sampling Adequacy，KMO）的大小來判斷題項間是否適合進行因子分析。KMO 是對採樣充足度的檢驗，檢驗變量間的偏相關是否很小。一般規定：如果 KMO 的值在 0.9 以上，說明結果極好；在 0.8 以上，說明結果較好；在 0.7 以上，說明結果一般；在 0.6 以上，說明結果較差；在 0.5 以

上，說明結果差；在 0.5 以下，說明結果不可接受。[1] 因此，在因素分析前首先對剔除 NR4、NR3、NR5、NR2、ZXH1、DJ7 六個項目後的量表進行了 KMO 檢驗和 Bartlett 球體檢驗。結果顯示 KMO 值為 0.917，表明題項間極適合進行因子分析。Bartlett 球形檢驗的 $\chi^2 = 2,824.547$，Sig. $= 0.000 < 0.001$，代表母群體的相關矩陣間有共同因素存在，也說明題項間適合做因子分析。具體如表 3.15 所示。

表 3.15 企業人力資源管理者職業高原量表 KMO 樣本測度和 Bartlett 的檢驗結果

KMO 樣本測度		0.917
Bartlett 的球形度檢驗	χ^2 統計值	2,824.547
	自由度	231
	顯著性概率	0.000

統計分析時，選用 SPSS17.0 統計分析軟件進行分析，把特徵值大於 1 作為選取因子的原則，利用方差最大化正交旋轉（Varimax）方法。對前文項目篩選後剩下的所有項目進行因子分析，第一次探索性因子分析結果如表 3.16 所示。

表 3.16　　第一次探索性因子分析後的旋轉成分矩陣[a]

	成分			
	1	2	3	4
JG4	0.810	0.211	0.080	0.184
JG3	0.799	0.226	0.095	0.247
JG7	0.719	0.142	0.256	0.026
JG1	0.715	0.356	0.151	0.148
JG5	0.713	0.272	0.087	-0.126
JG2	0.572	0.022	0.235	0.571
JG6	0.561	-0.072	0.369	0.464
DJ2	0.533	0.407	0.326	0.274
DJ5	0.223	0.827	0.178	0.128
DJ1	0.214	0.799	-0.096	0.120
DJ6	0.115	0.775	-0.023	0.109

[1] 吳明隆. 問卷統計分析實務——SPSS 操作與應用 [M]. 重慶：重慶大學出版社，2010：208.

表3.16(續)

	成分			
	1	2	3	4
DJ4	0.180	0.775	0.131	0.155
DJ3	0.426	0.644	0.303	-0.025
NR7	0.132	0.019	0.830	0.199
NR6	0.198	0.004	0.786	0.268
NR1	0.126	0.193	0.701	0.253
ZXH5	0.315	0.102	0.612	0.287
ZXH7	0.080	0.147	0.291	0.779
ZXH6	0.050	0.203	0.079	0.770
ZXH4	0.177	0.094	0.453	0.682
ZXH3	0.059	0.181	0.494	0.650
ZXH2	0.243	0.074	0.493	0.596

註：提取方法為主成分法；旋轉法為具有 Kaiser 標準化的正交旋轉法；旋轉在 7 次迭代后收斂。

利用因子分析時，多數統計學者認為因子載荷大於 0.4 的測項可予以保留。因此，本研究決定剔除因子載荷低於 0.4 的測項。此外，本書還遵循如下四條因子分析原則：①對於因子構念中歸於一類因子，而旋轉後的檢驗結果明顯歸於不同因子分組的項目予以刪除，因為這種結果可能是由於題目描述不清和概念模糊造成的；②考慮刪除同時在兩個以上公共因子中因子載荷值大於 0.4 的項目，出現這種情況往往是由於對構念的概念模糊造成的，不能判定該項目究竟屬於哪個共同因子；③剔除一個項目形成一類因子的項目；④剔除共同度小於 0.2 的項目（變量）。在旋轉成分矩陣中發現，原本歸屬動機高原的項目 DJ2 和原本歸屬中心化高原的項目 ZXH5 均歸屬到與原本結構不同的項目組（成分）中，因此首先刪除 DJ2 和 ZXH5，進行第二次探索性因子分析。並以此規則刪除 JG2 和 JG6，旋轉後的成分矩陣如表 3.17 所示。最終經過四次探索的旋轉成分矩陣如表 3.18 所示。解釋的總方差如表 3.19 所示。

表 3.17　第二、三次探索性因子分析后的成分矩陣

	第二次探索					第三次探索（按照規則1去掉JG2）			
	1	2	3	4		1	2	3	4
JG4	0.812	0.187	0.216	0.076	JG4	0.817	0.191	0.208	0.068
JG3	0.798	0.253	0.230	0.084	JG3	0.807	0.264	0.218	0.066

表3.17(續)

	第二次探索					第三次探索(按照規則1去掉JG2)			
	1	2	3	4		1	2	3	4
JG5	0.721	−0.105	0.278	0.058	JG7	0.729	0.069	0.126	0.224
JG7	0.718	0.045	0.140	0.240	JG5	0.718	−0.113	0.276	0.076
JG1	0.716	0.156	0.360	0.141	JG1	0.715	0.153	0.358	0.146
JG6	0.564	0.496	−0.068	0.311	JG6	0.570	0.513	−0.077	0.286
ZXH7	0.074	0.791	0.146	0.259	ZXH7	0.072	0.791	0.148	0.238
ZXH6	0.042	0.782	0.205	0.029	ZXH6	0.043	0.773	0.207	0.012
ZXH4	0.177	0.695	0.093	0.436	ZXH4	0.195	0.735	0.078	0.385
ZXH3	0.063	0.665	0.182	0.478	ZXH3	0.077	0.702	0.170	0.433
ZXH2	0.241	0.613	0.071	0.474	ZXH2	0.251	0.646	0.060	0.432
JG2	0.575	0.587	0.028	0.198	DJ5	0.221	0.132	0.831	0.185
DJ5	0.223	0.132	0.828	0.181	DJ1	0.215	0.113	0.798	−0.101
DJ1	0.207	0.115	0.801	−0.098	DJ4	0.184	0.163	0.779	0.123
DJ4	0.181	0.163	0.778	0.120	DJ6	0.116	0.118	0.770	−0.045
DJ6	0.106	0.110	0.774	−0.034	DJ3	0.442	0.019	0.638	0.273
DJ3	0.432	−0.001	0.646	0.279	NR7	0.139	0.250	0.013	0.842
NR7	0.144	0.225	0.013	0.842	NR6	0.210	0.325	−0.004	0.777
NR6	0.210	0.294	0.001	0.788	NR1	0.142	0.299	0.206	0.685
NR1	0.152	0.289	0.201	0.679					

註：提取方法為主成分法；旋轉法為具有Kaiser標準化的正交旋轉法；旋轉在7次迭代后收斂。

表3.18　　第四次探索性因子分析后的旋轉成分矩陣

	成分				共同度
	1	2	3	4	
JG4	0.824	0.189	0.197	0.079	0.759
JG3	0.810	0.203	0.266	0.082	0.774
JG7	0.739	0.105	0.075	0.230	0.615
JG5	0.730	0.258	−0.104	0.075	0.616
JG1	0.727	0.338	0.162	0.150	0.691
DJ5	0.238	0.823	0.137	0.184	0.786
DJ1	0.229	0.794	0.120	−0.098	0.707
DJ6	0.119	0.776	0.114	−0.037	0.631

表3.18(續)

	成分				共同度
	1	2	3	4	
DJ4	0.198	0.773	0.169	0.121	0.679
DJ3	0.442	0.638	0.011	0.280	0.681
ZXH7	0.080	0.133	0.797	0.250	0.722
ZXH6	0.054	0.192	0.785	0.022	0.656
ZXH4	0.190	0.071	0.725	0.408	0.734
ZXH3	0.070	0.170	0.688	0.455	0.714
ZXH2	0.250	0.049	0.641	0.448	0.677
NR7	0.141	0.002	0.242	0.841	0.785
NR6	0.213	−0.018	0.319	0.778	0.752
NR1	0.118	0.223	0.266	0.705	0.632

註：提取方法為主成分分析法；旋轉法為具有 Kaiser 標準化的正交旋轉法；旋轉在 7 次迭代后收斂。

表 3.19　　　　　　　　解釋的總方差

成分	初始特徵值			提取平方和載入			旋轉平方和載入		
	合計	方差的 %	累積 %	合計	方差的 %	累積 %	合計	方差的 %	累積 %
1	7.142	39.676	39.676	7.142	39.676	39.676	3.490	19.388	19.388
2	2.879	15.995	55.670	2.879	15.995	55.670	3.323	18.460	37.849
3	1.632	9.068	64.738	1.632	9.068	64.738	3.119	17.327	55.176
4	0.958	5.323	70.061	0.958	5.323	70.061	2.679	14.885	70.061
5	0.723	4.017	74.078						
…	…	…	…						
18	0.176	0.979	100.000						

註：提取方法為主成分分析法。

　　雖然按照規則 2，在多次探索性因子分析后形成的成分矩陣仍存在在兩個公共因子中因子載荷值大於 0.4 的項目，即 DJ3、ZXH2、ZXH3，這可能是由於概念描述模糊造成的，在正式問卷中，對這三個項目的描述方式予以修改。從表 3.18 可以看出，職業高原剩下的 18 個項目已負荷在四個正確的因子上；從碎石圖 3.2 中可以看出，從第四個因子以後，坡度線變得較為平坦，提取四個公共因子（成分）比較合適。其中，成分 1 包含 JG4、JG3、JG7、JG1、JG5 五個項目，該成分解釋所有項目總變異的 19.388%；成分 2 包含 DJ5、DJ1、

DJ6、DJ4、DJ3 五個項目，該成分解釋所有項目總變異的 18.460%；成分 3 包含 ZXH6、ZXH7、ZXH4、ZXH3、ZXH2 五個項目，該成分解釋所有項目總變異的 17.327%；成分 4 包含 NR7、NR6、NR1 三個項目，該成分解釋所有項目總變異的 14.885%，四個成分總共解釋總變異的 70.061%。在進行因子分析時，因為是採用少數的因子構念來解釋所有觀測變量的總變異量，而且在社會科學領域的測量不如自然科學領域精確，因而如果萃取后保留的因子聯合解釋變異量能夠達到 60% 以上，保留的萃取因子就相當理想。[1] 上述分析保留的四個因子總共解釋總變異的 70.061%，已經達到相當理想的水平。

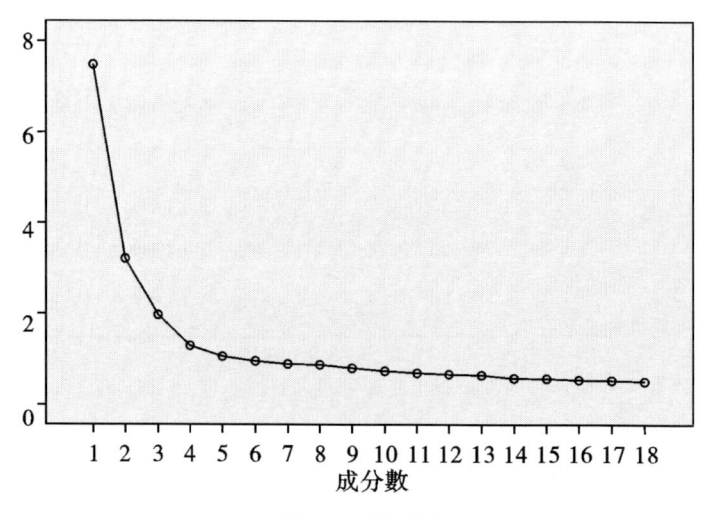

圖 3.2　碎石圖

3.3.2.3　項目確定和量表形成

在提取公共因子之後，需要對提取的公共因子進行命名。命名遵循的原則包括：第一，命名參照之前理論模型的構念；第二，按照題項因子的負荷值命名，一般根據負荷值較高的題項所隱含的意義命名。按照這些原則，本書對企業人力資源管理者職業高原量表抽取的四個因子進行如下命名，每個因子包含的項目如表 3.20 所示。

---

[1] 吳明隆. 問卷統計分析實務——SPSS 操作與應用 [M]. 重慶：重慶大學出版社，2010：232.

表 3.20　　　　　　　　因子、項目及其方差貢獻率表

因子	項目	方差貢獻率
結構高原	JG4 在當前的組織內，我升遷的機會非常有限	19.388%
	JG3 在本公司，我將要升職的可能性很小	
	JG7 由於工作性質和職務設計等原因，我近 5 年內平級調動的可能性很小	
	JG1 在本公司，我不可能獲得一個更高的職別或職稱	
	JG5 在本公司，我已經升到了我難以再繼續上升的工作職位	
動機高原	DJ5 我寧願保持現狀，也不願冒險或嘗試新事物	18.460%
	DJ1 我不願意爭取升職，因為升職要承擔更多的責任	
	DJ6 我不喜歡和同事競爭以獲取升職的機會	
	DJ4 我對自己的工作缺乏自信	
	DJ3 在工作中，我不願主動接受具有挑戰性的任務	
中心化高原	ZXH6 在本公司，我沒機會承擔更大責任的任務	17.327%
	ZXH7 上級不會讓我負責一些重要的事務	
	ZXH4 在目前工作中，我沒有機會參與公司的決策、計劃制訂	
	ZXH3 在目前工作中，我很少有機會參與公司重要問題的解決過程	
	ZXH 2 我提出的有關公司的工作意見或建議，很難受到領導的重視	
內容高原	NR7 目前這份工作不能進一步豐富我的工作技能	14.885%
	NR6 目前這份工作已經不能開闊我的視野	
	NR1 我當前的工作沒有機會讓我學習和成長	

　　對形成的企業人力資源管理者職業高原量表進行再次的信度分析，得到此量表的整體信度為 0.908，此量表信度良好，如表 3.21 所示。

表 3.21　　　企業人力資源管理者職業高原量表信度分析

構成因子	項目數	Cronbach α 系數
結構高原	5	0.874
動機高原	5	0.873
內容高原	5	0.828
中心化高原	3	0.876

經過上述分析，得出本研究企業人力資源管理者職業高原量表有效項目為18項，以此設計本研究正式的調查問卷。

3.4 職業高原正式量表檢驗——大樣本數據的收集與處理

3.4.1 正式問卷的發放和回收

通過預調查，本研究對形成企業人力資源管理者的職業高原問卷中的項目進行刪減和修改，形成了正式調查問卷，正式調查問卷中的職業高原問卷共由18個題項構成。實施大樣本調查的步驟和方法與預調查基本相同，問卷仍採用Likert6點計分法對項目進行反應。在問卷調查的方法上擴大了調查的途徑和範圍，首先繼續採用「問卷星」網路調查的樣本服務，回收問卷265份，其中有效問卷245份；通過在人力資源管理領域工作的熟人推薦填寫途徑回收問卷50份，其中有效問卷43份；通過人力資源管理者網路論壇方式回收問卷25份，其中有效問卷12份；利用研究人參與人力資源管理者職業資格培訓的機會現場發放並回收問卷90份，其中有效問卷65份。此次大樣本調查合計發放問卷420份，回收有效問卷365份，回收率為87%。最終所得的365份有效問卷的基本信息如表3.22所示。

表3.22　　　　　正式問卷的描述統計（n=365）

項目	類別	人數（人）	百分比（%）
性別	男	158	43.3
	女	207	56.7
年齡	18~25歲	64	17.5
	26~30歲	115	31.5
	31~40歲	157	43.0
	41~50歲	27	7.4
	51歲以上	2	0.5
在當前企業工作年限	4年以下	132	36.2
	5~10年	132	36.2
	11~15年	70	19.2
	16~20年	19	5.2
	21年以上	12	3.2

表3.22(續)

項目	類別	人數（人）	百分比（%）
在當前職位上的工作年限	1~3年	128	35.1
	3~5年	113	31.0
	5~8年	90	24.7
	大於8年	34	9.3
婚姻狀況	未婚	115	31.5
	已婚	249	68.2
	離異	1	0.3
	分居	0	0
	喪偶	0	0
學位	大學專科以下	9	2.5
	大學專科	55	15.1
	大學本科	223	61.1
	碩士研究生及以上	38	10.4
職位	普通崗位	69	18.9
	基層經理	104	28.5
	中層經理	149	40.8
	高層經理	43	11.8
企業性質	國有企業	79	21.6
	民營企業	139	38.1
	外資企業	91	24.9
	合資企業	56	15.3

3.4.2 量表信度檢驗

3.4.2.1 Cronbach's α 信度檢驗

對於量表的信度檢驗採用內部一致性系數檢驗，本部分依舊運用學術界普遍採用的 Cronbach α 系數來做信度檢驗。研究者認為測量工具的 Cronbach's α 系數最好高於 0.7。但如果測量工具的項目個數少於 6 個，Cronbach's α 系數大於 0.6 也表明數據質量可靠。職業高原正式問卷的檢驗結果顯示問卷的整體 Cronbach's α 系數為 0.947，四個分量表的 Cronbach's α 介於 0.869~0.934，表明測量工具的內部一致性較高。企業人力資源管理者職業高原量表 Cronbach's α 信度系數如表 3.23 所示。

表 3.23　企業人力資源管理者職業高原量表 Cronbach's α 信度系數

量表及所屬因子名稱	項目數	Cronbach's α 系數
結構高原	5	0.932
內容高原	3	0.860
中心化高原	5	0.917
動機高原	5	0.934
職業高原	18	0.947

3.4.2.2　同質性信度

同質性信度檢驗也稱作內部一致性檢驗，用來檢驗量表項目內部一致性的程度，能夠測量所測項目的同質性。本研究採用 Pearson 相關係數作為衡量指標。如果項目得分與量表總分的相關性越高，表明項目的測量內容與量表的整體測量內容的同質性越好。同質性檢驗的判斷標準為：如果項目得分與量表總分的 Pearson 相關係數≥0.3，表明該項目信度較好；若相關係數未達到顯著性水平或低於 0.3，則該項目應予以刪除或修改。企業人力資源管理者職業高原量表的各項目與量表總分的 Pearson 相關係數如表 3.24 所示。

表 3.24　　　　各項目與總量表的 Pearson 相關係數

項目	職業高原總量表	因子			
		結構高原	內容高原	中心化高原	動機高原
JG1	0.658**	0.750**			
JG3	0.633**	0.741**			
JG4	0.565**	0.700**			
JG5	0.534**	0.679**			
JG7	0.455**	0.624**			
NR1	0.587**		0.769**		
NR6	0.515**		0.746**		
NR7	0.519**		0.766**		
ZXH2	0.459**			0.694**	
ZXH3	0.456**			0.704**	
ZXH4	0.455**			0.712**	
ZXH6	0.425**			0.671**	
ZXH7	0.425**			0.707**	
DJ1	0.605**				0.847**

表3.24(續)

項目	職業高原總量表	因子			
		結構高原	內容高原	中心化高原	動機高原
DJ3	0.661**				0.824**
DJ4	0.636**				0.847**
DJ5	0.660**				0.868**
DJ6	0.538**				0.806**

從表3.24所示的結果可以看出，各項目與職業高原總分的相關係數介於0.425~0.661，同時P值小於0.01；結構高原分量表中各項目與分量表總分之間的相關係數介於0.624~0.750，且同時P值小於0.01；內容高原分量表中各項目與分量表總分之間的相關係數介於0.746~0.769，且同時P值小於0.01；中心化高原分量表中各項目與分量表總分之間的相關係數介於0.671~0.712，且同時P值小於0.01；動機高原分量表中各項目與分量表總分之間的相關係數介於0.806~0.868，且同時P值小於0.01；各項目與分量表的相關係數均大於跟總量表的相關係數，說明量表的同質性信度較好。

3.4.3 量表效度檢驗

3.4.3.1 內容效度

內容效度指測量包含預測量的內容範圍的程度，用來測驗所設計的題目的代表性或對所要測量的行為層面取樣的適應性。本研究的主要內容——企業人力資源管理者職業高原結構是在理論分析的基礎上建立起來的，同時量表條目的設立是從大量對職業高原的已有研究文獻中摘錄的，並通過諮詢人力資源管理學者研究確定，通過預檢驗形成測量的正式量表。因此本書認為該量表具有較好的內容效度。

3.4.3.2 結構效度

結構效度是指一個測驗實際測到所要測量的理論結構和特質的程度。在檢驗結構效度的方法中，因子分析法是一種常用的數量方法。本研究採用主成分因子分析法來考察企業人力資源管理者職業高原的結構效度。

1. 主成分因子分析法

主成分分析法以線性方程式將所有變量加以合併，計算所有變量共同解釋的變異量，該線性組合則成為主要成分或因子。如果一個量表結構良好，則它在多次測驗中均能通過主成分因子分析法提取相同數量和結構的主成分。在預調研的探索性因子分析中，已通過主成分分析法證明企業人力資源管理者職業

高原量表具有較好的結構效度，在大樣本研究中繼續採用主成分分析法對該量表進行分析，如果分析結果與預調研相同，則表明企業人力資源管理者職業高原量表的結構效度良好。企業人力資源管理者職業高原量表旋轉成分矩陣如表 3.25 所示。

表 3.25　　　企業人力資源管理者職業高原量表旋轉成分矩陣

	成分			
	1	2	3	4
DJ1	0.818	0.153	0.342	0.081
DJ5	0.808	0.184	0.328	0.213
DJ4	0.808	0.190	0.284	0.189
DJ6	0.801	0.152	0.306	0.067
DJ3	0.695	0.138	0.440	0.273
ZXH7	0.172	0.853	0.112	0.208
ZXH4	0.085	0.828	0.239	0.239
ZXH3	0.161	0.800	0.137	0.309
ZXH2	0.092	0.797	0.252	0.254
ZXH6	0.200	0.783	0.012	0.071
JG4	0.346	0.208	0.812	0.161
JG3	0.359	0.252	0.799	0.188
JG7	0.284	0.087	0.793	0.217
JG1	0.405	0.222	0.721	0.190
JG5	0.443	0.085	0.701	0.135
NR7	0.173	0.368	0.266	0.776
NR6	0.129	0.380	0.331	0.733
NR1	0.274	0.314	0.122	0.725

註：提取方法為主成分分析法；旋轉法為具有 Kaiser 標準化的正交旋轉法；旋轉在 7 次迭代後收斂。

表 3.25 所示結果與預調研中企業人力資源管理者職業高原量表旋轉成分矩陣所得到的因子數和因子結構相同，其中成分 1 代表動機高原，成分 2 代表中心化高原，成分 3 代表結構高原，成分 4 代表內容高原。

此外，根據因子分析理論，每個成分之間應該具有中等程度相關性，以表明測量內容的一致性。表 3.26 職業高原各因子之間以及因子與總分之間的相

關矩陣顯示，各成分之間的相關係數介於 0.216~0.631，屬於中等相關，同時該相關係數低於各成分與總分之間的相關係數 0.655~0.824。這說明各成分具有一定獨立性，同時也能較好地反應總量表測試的內容。因此，企業人力資源管理者職業高原量表具有較好的結構效度。

表 3.26　職業高原各因子之間以及因子與總分之間的相關矩陣

		結構高原	內容高原	中心化高原	動機高原	職業高原
結構高原	Pearson 相關性	1	0.454**	0.258**	0.631**	0.824**
	顯著性（雙側）		0.000	0.000	0.000	0.000
	N	365	365	365	365	365
內容高原	Pearson 相關性	0.454**	1	0.579**	0.360**	0.717**
	顯著性（雙側）	0.000		0.000	0.000	0.000
	N	365	365	365	365	365
中心化高原	Pearson 相關性	0.258**	0.579**	1	0.216**	0.655**
	顯著性（雙側）	0.000	0.000		0.000	0.000
	N	365	365	365	365	365
動機高原	Pearson 相關性	0.631**	0.360**	0.216**	1	0.748**
	顯著性（雙側）	0.000	0.000	0.000		0.000
	N	365	365	365	365	365
職業高原	Pearson 相關性	0.824**	0.717**	0.655**	0.748**	1
	顯著性（雙側）	0.000	0.000	0.000	0.000	
	N	365	365	365	365	365

註：** 表明在 0.01 水平（雙側）上顯著相關。

2. 驗證性因子分析

在預調研中，通過小樣本數據採用探索性因子分析的方法獲得了企業人力資源管理者職業高原的結構維度。但是這一模型的建構效度的適切性和真實性如何，需要通過驗證性因子分析進行檢驗。探索性因子分析的主要目的在於確認量表結構或一組變量的模型，這種分析偏向於理論的產出，而非理論模型架構的檢驗。而驗證性因子分析通常是依據理論，或在實證的基礎之上，允許研究者按照事先確認的因子模型，進行模型效果的驗證。

（1）驗證性因子分析介紹

驗證性因子分析可以通過結構方程模型實現。結構方程模型以研究者初始

的模型為基礎，通過數據的迭代計算驗證模型對數據的支持程度。如果各個指標達到相應的數值，則表示模型擬合較好，結構效度理想。

結構方程模型分為測量方程和結構方程兩部分。

測量方程：

$$\begin{cases} X = \lambda_x \varepsilon + \delta \\ Y = \lambda_y \eta + \xi \end{cases}$$

其中，X 是外生指標，Y 是內生指標，ε 是外生潛變量，η 是內生潛變量，λ_x 是 X 對 ε 的迴歸系數，λ_y 是 Y 對 η 的迴歸系數。δ、ξ 是 X、Y 的測量誤差構成的向量。

結構方程：

$$\eta = B\eta + \Gamma\varepsilon + \zeta$$

$$B = \begin{cases} B_{11} & B_{12} & \cdots & B_{1m} \\ B_{21} & B_{22} & \cdots & B_{2m} \\ \cdots & \cdots & \cdots & \cdots \\ B_{m1} & B_{m2} & \cdots & B_{mm} \end{cases} ; \quad \Gamma = \begin{cases} \Gamma_{11} & \Gamma_{12} & \cdots & \Gamma_{1n} \\ \Gamma_{21} & \Gamma_{22} & \cdots & \Gamma_{2n} \\ \cdots & \cdots & \cdots & \cdots \\ \Gamma_{m1} & \Gamma_{m2} & \cdots & \Gamma_{mn} \end{cases}$$

其中，B 為內生潛變量之間關係的系數矩陣，Γ 為外生潛變量對內生潛變量影響的系數矩陣，ζ 表示結構方程的殘差項。

驗證性因子分析的原理是通過考察模型對實際數據的擬合程度來檢驗模型的正確性。衡量的指標包括以下幾種：①絕對擬合指標，對結構方程的整體擬合程度進行評價。評價指標包括：卡方值（χ^2），通常 χ^2 值越小表示模型的擬合程度越佳，但由於 χ^2 值容易受樣本大小影響，通常採用卡方值（χ^2）和自由度（df）的比值進行判斷；擬合優度指標（GFI），越接近 1 表明擬合越好；調整擬合優度指標（AGFI），越接近 1 表明擬合越好；近似誤差均方根（RMSEA），RMSEA<0.05 表示模型擬合非常好，0.05< RMSEA<0.08 表示模型擬合較好。②相對擬合指標，主要用於不同理論模型比較。通常的評價指標包括：規範擬合指數（NFI），NFI>0.9 表示擬合較好；增值擬合指數（IFI），IFI>0.9 表示擬合較好；非標準擬合指數（TLI），TLI>0.9 表示擬合較好。③節儉擬合指標，用來反應模型的節儉程度，模型越節儉，越理想。通常的評價指標包括：節儉規範擬合指數（PNFI），PNFI>0.5，越接近 1 表示模型越節儉；節儉擬合優度指數（PGFI），PGFI>0.5，越接近 1 表示模型越節儉。

（2）模型檢驗和結果分析

通過預調研的探索性因子分析和大樣本正式調研的初步分析，本書得到了企業人力資源管理者的四維度結構模型，包括結構高原、內容高原、中心化高原和動機高原。其中，結構高原由 JG1、JG3、JG4、JG5、JG7 五個項目組成；內容高原由 NR1、NR6、NR7 三個項目組成；中心化高原由 ZXH2、ZXH3、ZXH4、ZXH6、ZXH7 五個項目組成；動機高原由 DJ1、DJ3、DJ4、DJ5、DJ6 五個項目組成。因此，本研究想要驗證的職業高原結構模型如圖 3.3 所示，其中四個職業高原構成因子並列排列，因子之間自由相關。

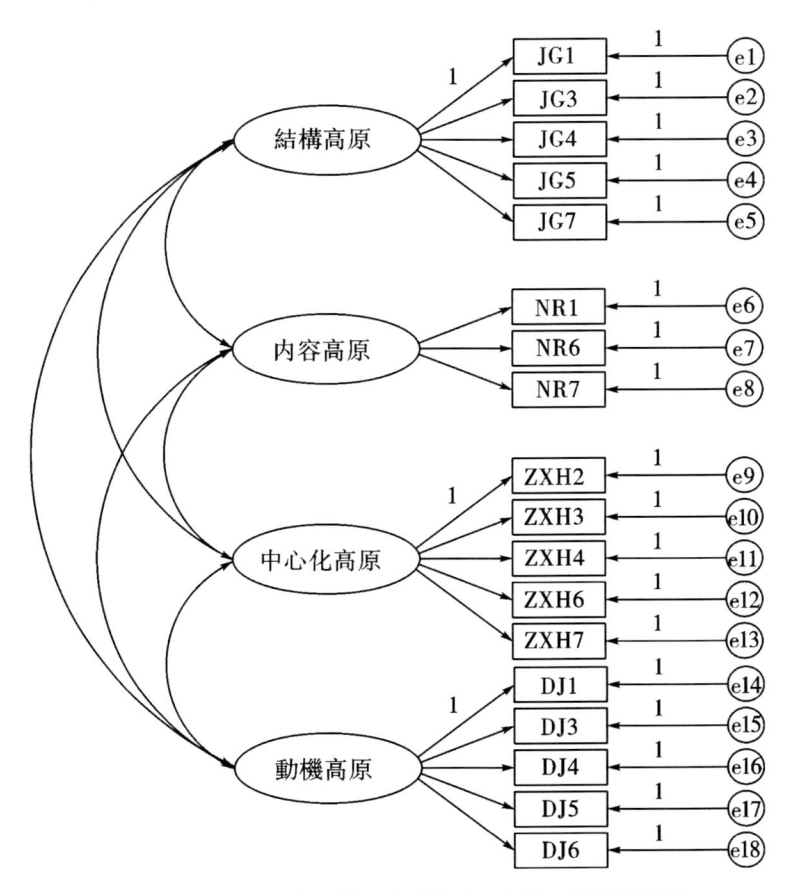

圖 3.3　企業人力資源管理者職業高原初始四因子結構圖

① 職業高原的四因子模型驗證

企業人力資源管理者職業高原的四因子模型驗證結果如圖 3.4 所示。從圖中可知企業人力資源管理者職業高原的結構高原因子和動機高原因子具有較高

的相關性。而在國內的部分職業高原研究成果中，也曾將職業高原分為層級高原、中心化高原和內容高原三個因子。因此，可以將結構高原和動機高原合併組成一個因子，驗證職業高原的三因子結構模型的效果。

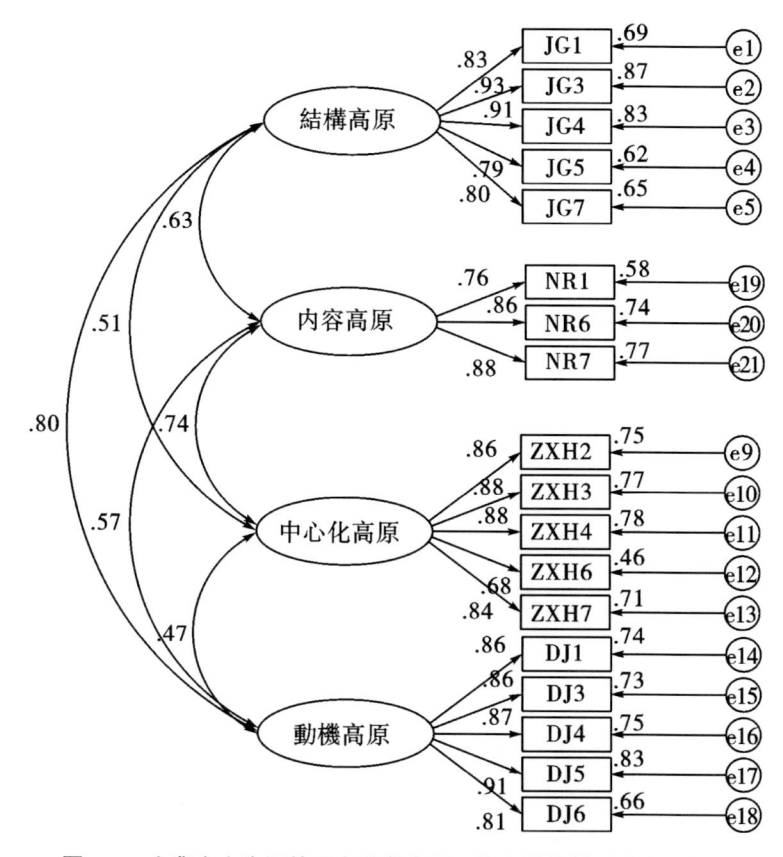

圖 3.4　企業人力資源管理者職業高原四維度結構模型路徑系數圖

②企業人力資源管理者職業高原的三因子結構模型驗證

將結構高原和動機高原合併后的職業高原三因子結構模型如圖 3.5 所示。如圖中所示，內容高原和中心化高原之間具有較高的相關性。在國外的職業高原研究中，在較長時間內，職業高原一直被認為是一個二維結構。因此可以進一步將內容高原和中心化高原合併成一個維度，驗證企業人力資源管理者職業高原的二因子結構模型。

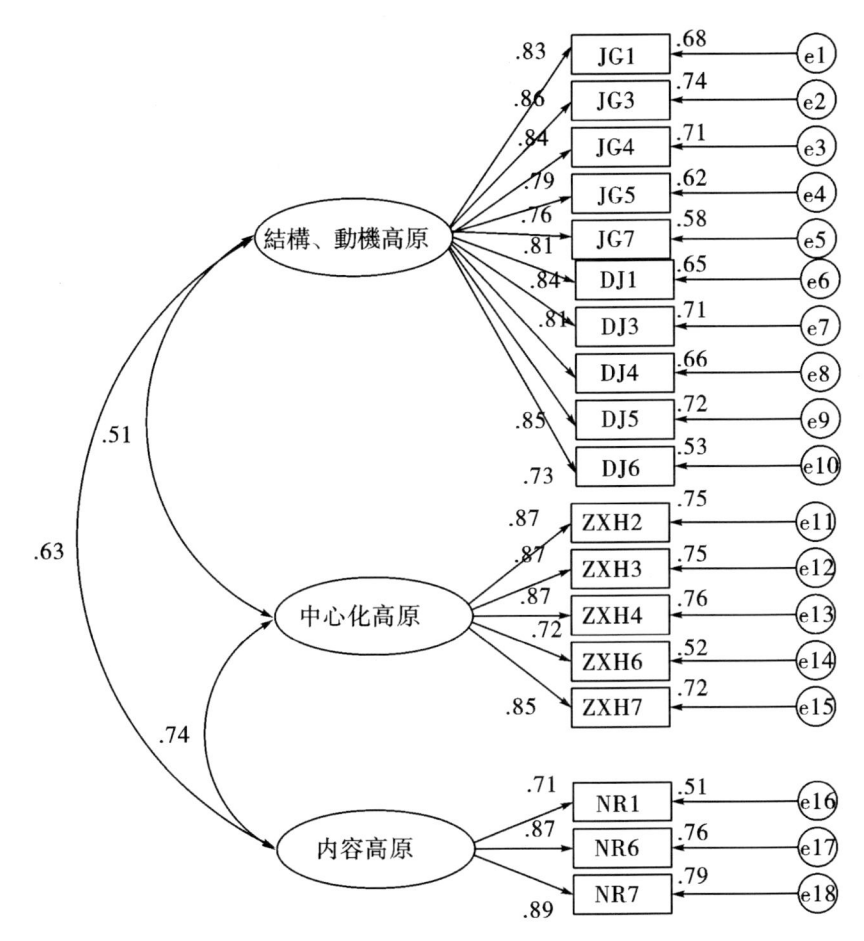

圖 3.5　企業人力資源管理者職業高原三維度結構模型路徑系數圖

③企業人力資源管理者職業高原的二因子結構模型驗證

企業人力資源管理者職業高原二因子結構模型驗證結果如圖 3.6 所示。進一步將兩個因子合併成一個因子，驗證職業高原的單因子結構模型效果。

④企業人力資源管理者職業高原單因子結構模型驗證

企業人力資源管理者職業高原的單因子結構模型驗證結果如圖 3.7 所示。為了驗證這四個職業高原結構模型的擬合效果，將職業高原四因子模型、三因子模型、二因子模型以及單因子模型的各種擬合指標納入表 3.27 進行比較。

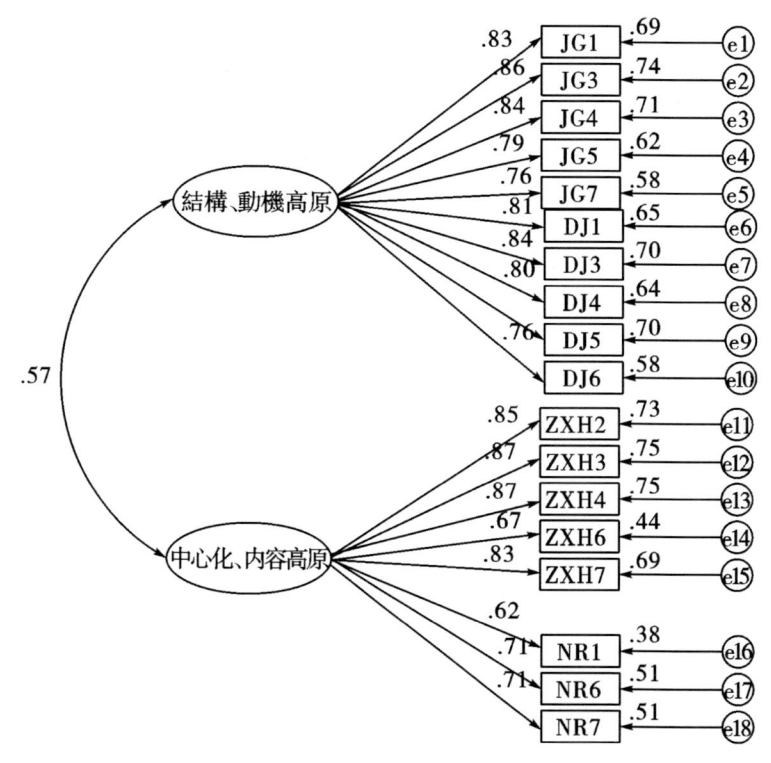

图 3.6 企業人力資源管理者職業高原二維度結構模型路徑系數圖

⑤企業人力資源管理者職業高原多維結構模型的比較

企業人力資源管理者多維度結構模型的各種擬合指標結果如表 3.27 所示。從表中四個職業高原結構模型的各種擬合指標的比較中可以看出，職業高原四因子模型的各種擬合指標都在可接受的範圍內，擬合效果是四個模型當中最優的；而職業高原的其他三種結構模型的擬合指標都沒有四因子模型的擬合指標優秀，特別是職業高原的單因子結構模型，各項指標均未達到可接受的程度，說明職業高原確實是一個多維度的結構。因此，從各項擬合指標的比較來看，企業人力資源管理者職業高原的四維結構是符合理論構思的，職業高原由結構高原、內容高原、中心化高原和動機高原四個維度構成。

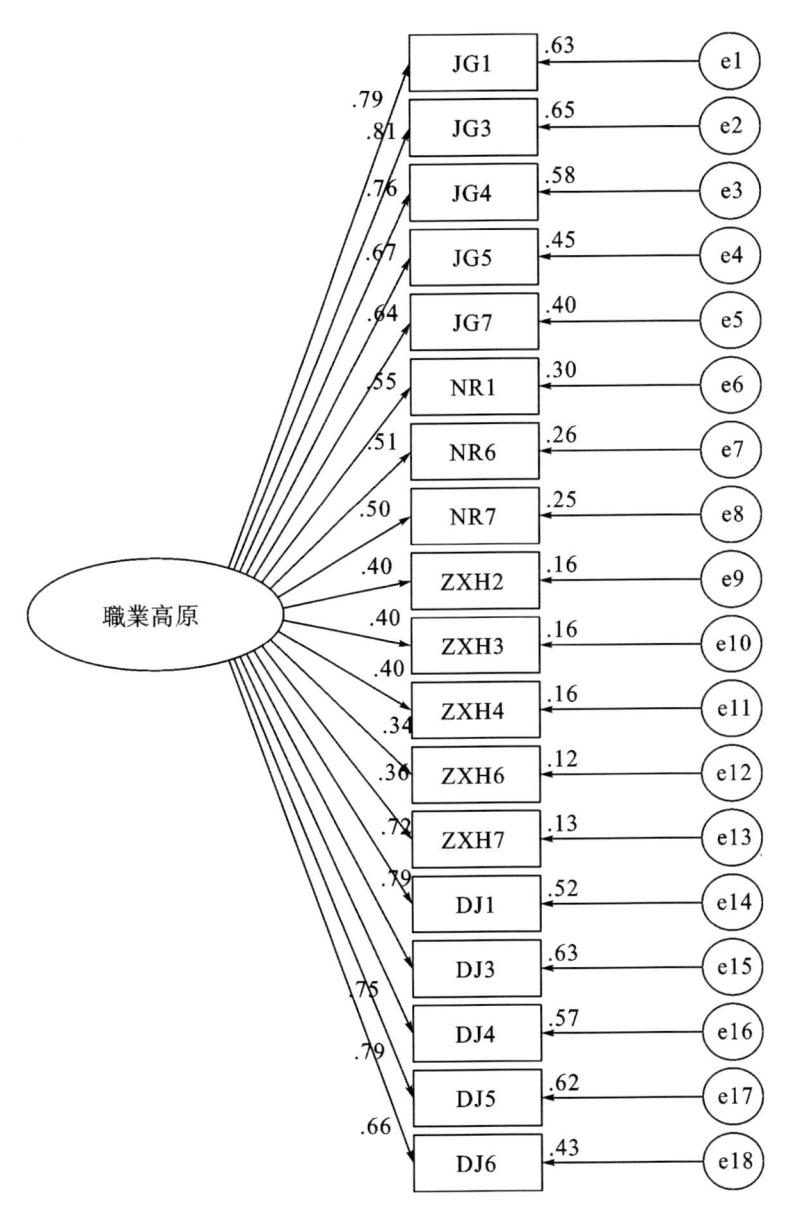

圖 3.7　企業人力資源管理者職業高原一維度結構模型路徑系數圖

表 3.27　　　　　　　職業高原結構模型的擬合指標比較

	卡方值	調整卡方	近似誤差均方根 RMSEA	擬合優度指數 GFI	調整擬合優度指數 AGFI	規範擬合指數 NFI
判斷標準		$1<\chi^2/df<3$	<0.08	>0.90	>0.90	>0.90
四因子模型	369.701	2.866	0.072	0.897	0.863	0.937
三因子模型	814.611	6.034	0.118	0.742	0.673	0.862
二因子模型	1,072.468	8.003	0.139	0.692	0.607	0.819
單因子模型	2,176.531	16.122	0.204	0.483	0.345	0.543

	增值擬合指數 IFI	非標準擬合指數 TLI	比較擬合指數 CFI	借鑑規範擬合指數 PNFI	節儉擬合優度指數 PGFI
判斷標準	>0.90	>0.90	>0.90	>0.50	>0.50
四因子模型	0.958	0.950	0.958	0.790	0.677
三因子模型	0.882	0.866	0.882	0.761	0.586
二因子模型	0.837	0.814	0.837	0.717	0.542
單因子模型	0.559	0.498	0.577	0.479	0.381

3.5　研究結果分析

3.5.1　研究假設檢驗結果

本章的主要研究假設包括 H1a 和 H1b 兩個，檢驗結果如表 3.28 所示。其中，職業高原的多維結構以及職業高原的四維結構都得到了驗證，說明企業人力資源管理者的職業高原是由四個維度構成，這一研究成果與國內外關於職業高原的多維構成研究結果存在一致性。本章同時驗證了職業高原是由結構高原、內容高原、中心化高原和動機高原四個維度構成，為以后研究職業高原的多維度結構提供了參考。

表 3.28　　　　　　　　研究假設的檢驗結果匯總

標號	研究假設	檢驗結果
H1a	職業高原存在多維結構	支持
H1b	職業高原由結構高原、內容高原、中心化高原和動機高原構成	支持

3.5.2　從職業高原構成維度分析人力資源管理者職業高原的特點

本章結合文獻資料整理和理論分析提出了企業人力資源管理者職業高原的四維度結構模型。本研究認為，這種職業高原的四維度結構不僅可以應用於企業人力資源管理者，也可以應用於企業的其他管理人員和其他員工。因為，在企業當中，一個人無論所處的職位如何，都會在組織結構方向的職業發展、工作內容的發展、向組織中心方向發展以及自身職業發展的主動性（動機）方面，遇到各種障礙。國內外大多數學者在結構高原和內容高原的研究上，已經達成了一定的共識。本書對於中心化高原的研究與國內學者謝寶國和寇冬泉所研究的「趨中高原」概念相似，在他們的研究中被證實；而動機因素作為能夠影響職業發展的一個重要原因，也得到了研究者們的認可。

從結構高原、內容高原、中心化高原和動機高原四個維度來分析企業人力資源管理者職業高原的特徵如下：

（1）在四個維度中，結構高原是由組織層級結構或組織設計的原因造成的，導致員工在職業的縱向發展或橫向變動上出現困難，不得不停留於目前崗位，從而產生了職業高原感。人力資源管理者對結構高原的強烈感受，部分是由於企業的組織結構設計和組織對人力資源管理者職業生涯發展通道設計的缺陷造成的。人力資源管理人員難以獲得縱向職位晉升。客觀上晉升渠道和職位變動的不暢，使人力資源管理者在目前崗位上止步不前。由人力資源管理崗位職位變動通道設計的不暢也能窺視出整個企業的職位通道設計的弊病。如果HR們自身都沒有良好的職業晉升渠道，又何談為企業其他員工設計暢通的職業生涯發展通道呢？同時，結構高原是職業高原四個構成維度中與職業高原整體相關性最高的維度，可見員工對職位的晉升以及變動的可能性的敏感度較強。

（2）內容高原產生的原因主要是員工認為從目前從事的工作中很難再學習到新的知識和技能，或工作內容變得單調、例行公事，致使員工感到自己的職業發展處於瓶頸期。儘管隨著企業對人力資源管理要求的提高，人力資源管理者在企業中的地位逐漸提升，企業對人力資源管理者的技能和素質要求也逐漸提高，但是在現實的企業環境下，人力資源管理者仍然感受到想要提高知識和技能的障礙，說明企業並未在客觀上為人力資源管理者提供提高其能力的足夠的條件和機會，沒有或很少為人力資源管理者提供學習專業知識和技能方面的培訓機會。內容高原在職業高原整體中的重要性也在本研究中得到證實，與職業高原的相關性排到了四個維度中的第三位。

（3）中心化高原代表了員工能夠向組織中心橫向流動的職業發展方式，即員工是否能夠參與到企業的重大決策當中，所做的工作能否受到組織的重視，從中獲得職業滿足感。隨著人力資源管理者在企業中重要性的提高，他們越來越多地能夠參與到企業的重要決策當中，企業在經營管理中的重大變革都需要人力資源管理者支持，人力資源管理者逐漸體會到企業對他們重視程度的提高。在本研究中，中心化高原與職業高原的相關性排在四個構成維度的第四位，但相關係數也達到了0.6以上，說明人力資源管理者對於自己的工作是否受到企業的重視是十分敏感的。中心化高原是職業高原的一個重要構成因素。儘管現代人力資源管理者的角色理論提出人力資源管理者要成為組織變革的推動者和企業的戰略夥伴，但現實的管理環境沒有為人力資源管理者提供發揮他們才能的機會。人力資源管理者自身也可能缺乏這方面的能力。

　　（4）在職業高原的四個構成因素中，動機高原直接由個人原因導致。動機高原代表員工個人主觀不願意在工作中承擔更大的責任、不想通過競爭獲得晉升的機會從而使職業發展陷入困境。企業人力資源管理者由於自身職業目標以及其他原因可能產生在工作中不願發生職位變動的狀況。在實證研究中，動機高原與職業高原的相關性排在僅次於結構高原的第二位，說明企業人力資源管理者的職業高原受個人動機因素的影響非常大。人力資源管理者或出於自身原因或出於環境限制缺乏職業生涯發展的主動性。

3.6　本章小結

　　本章根據理論分析形成了職業高原多維結構的假設，並根據這一假設，收集已有的職業高原研究文獻和資料，形成初始的企業人力資源管理者職業高原的問卷調查量表。通過預調研收集小樣本數據，對職業高原量表進行探索性因子分析和信度、效度分析，刪除量表中不適合的項目，形成正式的調查問卷。將正式調查問卷投入大樣本調研，收集數據並進行處理，進行信度、效度分析並通過驗證性因子分析證實本章的兩個研究假設：①企業人力資源管理者的職業高原是一個多維結構；②企業人力資源管理者的職業高原由結構高原、內容高原、中心化高原和動機高原四個維度構成。

4 人口學變量對企業人力資源管理者職業高原的影響

4.1 研究目的、研究假設和研究方法

4.1.1 研究目的

根據文獻綜述分析，企業人力資源管理者的職業高原可能會受到人力資源管理者個人和其所在組織兩方面因素的影響。本章的研究目的在於揭示這些人口學變量是否會對企業人力資源管理者的職業高原和其構成維度造成影響，以及造成怎樣的影響。

從理論上來看，能夠影響企業人力資源管理者職業高原的一個首要的組織因素是組織結構。組織結構是表明組織各部分排列順序、空間位置、聚散狀態、聯繫方式以及各要素之間相互關係的一種模式，是整個管理系統的「框架」。組織結構是組織的全體成員為實現組織目標，在管理工作中進行分工協作，在職務範圍、責任、權利方面所形成的結構體系。傳統定義上的職業高原就是由於組織結構原因所造成的員工職位難以流動。因此，結構高原成為大多數管理者所經歷的最主要的高原，也是能夠造成管理者產生「高原知覺」的一個重要原因。根據 Bardwick 的研究，對於普通員工來說有 1% 的可能性遭遇職業天花板，但是對於管理人員，特別是人力資源管理者來說，由組織結構原因造成職業高原的現象卻非常普遍。[①] 人力資源管理者在不同職位層次上所遭受到的職業高原差異也能夠間接體現企業人力資源管理者職業發展通道建設的

---

① BARDWICK J. SMR Forum: Plateauing and Productivity [J]. Sloan Management Review, 1983: 67–73.

狀況。另一個本研究所關注的影響職業高原的組織因素是企業性質。企業性質指企業的種類，包括國有企業、私營企業、外資企業和合資企業。《中國企業人力資源管理狀況調查報告》中曾專門分析了不同企業性質企業的人力資源管理的狀況。本研究認為，由於不同企業性質的人力資源管理狀況存在的差異會造成人力資源管理者職業發展的差異，因此，企業性質可能會影響到人力資源管理者的職業高原。

事實上，宏觀的社會原因也會影響人力資源管理者職業發展和職業高原現象。由於社會競爭越來越激烈，技術發展突飛猛進，市場迅速變化，企業對人力資源管理者也會產生越來越高的職業期望。如果人力資源管理者不迅速吸收各種信息知識，更新技能與思維方式，適應現代企業對人力資源管理的新要求，就不能跟組織發展相適應。同時，社會大眾對於職業成功和幸福的偏差理解也會導致人力資源管理者產生職業高原。但是在本研究中，社會因素不作為探討影響企業人力資源管理者職業高原的主要因素加以關注。

本研究將研究焦點集中在影響職業高原的個人因素上。企業人力資源管理者產生職業高原的個人因素是指由於人力資源管理者自身狀況或自己對於在組織中的職位定位不準確，缺乏職業發展的方向、動力和激勵，或缺乏提高知識的積極性和主動性而產生的職業高原。企業人力資源管理者產生職業高原的個人因素主要包括：①性別。在對企業員工的知覺研究中，性別被認為是一個重要的影響因素。而「職業天花板」這一概念的提出，最早就是用來形容女性在職業發展過程中所遭受到的職業瓶頸。因此，本研究認為性別會成為影響人力資源管理者職業高原的一個因素。②年齡。早期對職業高原的研究曾經把年齡作為判斷職業高原的標準。儘管隨著人們對職業高原知覺概念的深入研究，這種判斷標準已經越來越少被研究者使用，但是本書認為年齡仍然可以成為影響職業高原的一個個人因素。③工作年限和任職年限。任期被認為是判斷職業高原的一個標準，但國外的研究中一般不對工作年限和任期作明確的區分，國內的職業高原研究大多會將工作年限和任期都納入職業高原的影響因素當中。本書認為，即便在職業高原知覺上的研究不再以嚴格意義上的任期判斷作為標準，工作年限和任期仍然有可能成為職業高原的重要影響因素。④婚姻狀態。婚姻狀態作為判斷個人-家庭平衡是否會影響職業高原的一個判斷指標。已婚人士通常被認為更關注於家庭生活而使工作-家庭重心發生轉移。⑤學歷。認為學歷會對職業高原造成影響的研究認為，高學歷通常意味著較高的職業抱負和較好的職業發展。隨著企業人力資源管理者整體學歷水平的提高，本書認為學歷的差異會影響人力資源管理者對職業高原的知覺。⑥職位。儘管之前的職

業高原研究會關注被調查的職位狀況，但其更多的是想要區分處於不同職位的員工的職業高原差異，如處於行銷崗位的員工和處於生產崗位的員工的職業高原是否存在顯著差異。本研究為了更好地瞭解職業高原的職位差異，對人力資源管理者的職業生涯發展狀況有所瞭解，特將職位作為一個影響職業高原的因素。除了以上因素外，從理論上來說，影響人力資源管理者職業高原的個人因素可能還包括以下幾方面：第一，人力資源管理者自身在人力資源管理專業方面的知識或技能，例如完成各項人力資源管理職能所需的各項技能、人際交往的能力、有效溝通的能力以及承擔未來人力資源管理者所需求的戰略管理方面的知識等，這些能力的缺乏可能會影響人力資源管理者的職業高原。第二，缺乏職業素質。隨著人力資源管理職能的發展，缺乏人力資源管理的職業素質成為阻礙人力資源管理者向組織核心方向發展的因素。例如人力資源管理者難以適應組織變革的需要，不能制定出滿足企業發展的人力資源發展策略，或不能做出適合企業員工的職業生涯發展規劃，也使得自身的職業發展受到約束。第三，人力資源管理者自身的心理壓力或者情緒波動也會催生職業高原的出現。由於這些因素衡量上的困難以及其不確定性，本書只選擇前幾個因素作為影響企業人力資源管理者職業高原的個人因素加以測量。

綜上所述，本章主要探討各種人口學變量與企業人力資源管理者職業高原及職業高原各構成維度之間的關係，揭示這些人口學變量是否會對企業人力資源管理者的職業高原和其構成維度造成影響，以及造成怎樣的影響。這些人口學變量主要包括被調查者的性別、年齡、工作年限、任職年限、婚姻狀況、學歷、職位級別和所在企業性質。研究的主要目的在於根據企業人力資源管理者職業高原在這些統計變量上的差異，進一步揭示企業人力資源管理者職業高原的特點。

4.1.2 研究假設

在國內外大量針對職業高原進行的研究中都能發現人口學變量與職業高原之間存在一定關係，但是這些研究結果並不具備一致性。本研究將通過企業人力資源管理者職業高原在人口學變量上的差異研究，來進一步解釋人口學變量和職業高原之間的關係。同時，本章不僅探討人口學變量和職業高原之間的關係，也同樣探討人口學變量與職業高原的四個構成維度之間的關係。本研究的假設如下：

假設1（H2）：人口學變量對企業人力資源管理者職業高原整體狀態的影響存在顯著差異。

假設 2（H3）：人口學變量對企業人力資源管理者職業高原各維度的影響存在顯著差異。

其中，假設 2 可進一步細分為如下 4 個二級假設：

H3a：人口學變量對企業人力資源管理者結構高原維度的影響存在顯著差異。

H3b：人口學變量對企業人力資源管理者內容高原維度的影響存在顯著差異。

H3c：人口學變量對企業人力資源管理者中心化高原維度的影響存在顯著差異。

H3d：人口學變量對企業人力資源管理者動機高原維度的影響存在顯著差異。

4.1.3 數據來源與研究方法

本研究採用第 3 章中正式調查問卷的大樣本數據（N = 365）進行分析。所採用的研究方法是統計學方法。主要採用的統計方法有獨立樣本 t 檢驗、單因數方差分析與多元方差分析，使用的統計工具為 SPSS17.0。

4.2 企業員工職業高原及各維度的描述性統計分析

首先，本部分對企業人力資源管理者職業高原以及構成因素進行描述性統計分析，以瞭解企業人力資源管理者職業高原的基本情況。職業高原得分最高分為 6 分，最低分為 1 分，採用平均數法得出職業高原以及各構成維度的得分，結果如表 4.1 所示。

表 4.1　企業人力資源管理者職業高原及其構成維度的描述性統計量

	N	均值	標準差
結構高原	365	3.977,0	1.403,34
內容高原	365	2.849,3	1.190,16
中心化高原	365	3.277,8	1.202,05
動機高原	365	3.145,2	1.573,08
職業高原	365	3.382,8	1.008,22
有效的 N（列表狀態）	365		

從表 4.1 可以看出，企業員工的職業高原總體平均得分為 3.382,8，略低於臨界狀態值 3.500,0，說明對企業人力資源管理者來說，整體職業高原程度並不算太高，但已經需要受到足夠的重視。從企業人力資源管理者在職業高原各構成維度上的平均得分來看，其中，結構高原的均值為 3.977,0，超過臨界值，說明人力資源管理者對於職業發展過程中所遇到的職位升遷和變動是最為敏感的，人力資源管理者的結構高原程度較高。企業人力資源管理者在內容高原上的得分為 2.849,3，是四個構成維度上的最低分，說明人力資源管理者對工作技能、經驗獲取的停滯期的敏感性較差，內容高原程度較低。中心化高原和動機高原的得分分別為 3.277,8 和 3.145,2，說明企業人力資源管理者在向組織中心發展和自身動機角度出發的職業停滯期都存在一定的感受，但中心化高原和動機高原程度不是很高。

4.3　人口學變量與企業員工職業高原及各維度的關係

4.3.1　人口學變量與企業員工職業高原整體狀態的關係

4.3.1.1　企業人力資源管理者職業高原整體狀態上的性別差異

本研究採用獨立樣本 t 檢驗對企業人力資源管理者職業高原在性別上是否存在差異進行檢驗。獨立樣本 t 檢驗適用於兩個群體平均數的差異檢驗，其自變量為二分變量，因變量為連續變量。獨立樣本 t 檢驗的原假設是兩個獨立樣本來自均值相同的總體，對立假設是兩個獨立樣本來自均值不同的兩個總體。在兩個樣本方差相等和不等時所採用的計算 t 值的公式不同，因此，需要首先進行方差齊次性檢驗，以判斷其所應選取的 t 值。

根據以上方法，首先對「男」「女」兩個獨立樣本進行方差齊次性檢驗，F 值為 0.622，顯著性水平為 0.431（不顯著），說明可以接受兩個樣本方差相等的假設。其相對應的 t 值為 −1.514，其檢驗結果為不顯著。從表 4.2 中可以看出，雖然女性人力資源管理者的職業高原得分略大於男性人力資源管理者的職業高原得分，但通過獨立 t 檢驗發現，男女員工之間的差異不顯著（P > 0.05），說明企業人力資源管理在職業高原整體狀態上不存在顯著的性別差異。

表 4.2　企業人力資源管理者職業高原整體狀態上的性別差異比較

因子	性別	觀測量 N	均值	標準差	t	Sig.（雙尾）
職業高原	男	158	3.291,5	1.039,51	-1.514	0.131
	女	207	3.452,5	0.980,48		

4.3.1.2　企業人力資源管理者職業高原整體狀態上的年齡差異

本研究在調查中將被調查者的年齡段分為 18~25 歲、25~30 歲、31~40 歲、41~50 歲和 50 歲以上，但是在回收問卷后發現 41~50 歲和 50 歲以上這兩檔的樣本量都比較小，不適合進行統計分析，所以，對年齡數據進行重新分組進行分析，將這兩檔樣本與 31~40 歲檔數據合併為 31 歲以上年齡組。合併后的年齡組共有三組數據，採用單因子方差分析方法對數據進行分析比較。單因子方差分析檢驗由單一因子影響的一個或幾個獨立的因變量在因子各水平分組的均值間的差異。其基本原理是通過兩兩組間均值比較進行判斷。其分析結果如表 4.3 所示。從表 4.3 中可以得知，在企業人力資源管理者職業高原整體狀態上，單因子方差分析結果顯示，F 值為 3.586，且 $P<0.001$，表明年齡對企業人力資源管理者的職業高原感存在顯著差異。接著通過多重比較確定不同年齡段的人力資源管理者在職業高原上的具體差異。首先進行方差齊性檢驗，根據方差齊性或方差不齊分別選擇 LSD 或 Tamhane's T2 法進行多重比較。比較結果見表 4.4。

表 4.3　人力資源管理者職業高原整體狀態上的年齡差異單因子方差分析

	平方和	df	均方	F	顯著性
組間	7.189	2	3.594	3.586	0.029
組內	362.821	362	1.002		
總數	370.010	364			

表 4.4　企業人力資源管理者職業高原整體狀態上的年齡差異的多重比較

因子	方差齊性檢驗(Sig.)	多重比較方法	(I) 年齡	(J) 年齡	均值差（I-J）	顯著性（Sig.）
職業高原	0.019<0.05	Tamhane's T2	18~25 歲	26~30 歲 31 歲以上	0.064,63 -0.235,83	0.958 0.246
			26~30 歲	18~25 歲 31 歲以上	-0.064,63 -0.300,46*	0.958 0.032
			31 歲以上	18~25 歲 26~30 歲	0.235,83 0.300,46*	0.246 0.032

註：*表示均值差的顯著性水平為 0.05。

如表 4.4 的統計檢驗結果顯示，方差齊性檢驗顯示 P>0.05，在進行多重比較時採用 Tamhane's T2 法的統計檢驗結果。從顯示的結果看，在顯著性水平 α=0.05 下，18~25 歲人力資源管理者與 26~30 歲人力資源管理者之間的均值差為 0.064,63，顯著性概率為 0.958，其職業高原整體狀態不存在顯著差異。18~25 歲人力資源管理者與 31 歲以上人力資源管理者之間的均值差為 -0.235,83，顯著性概率為 0.246，也未達顯著性水平。25~30 歲人力資源管理者與 31 歲以上人力資源管理者的均值差為 -0.300,46，顯著性概率為 0.032，達到顯著性水平，說明二者之間的職業高原整體狀態存在顯著差異。31 歲以上的人力資源管理者的職業高原感要明顯高於 25~30 歲的人力資源管理者。

4.3.1.3 企業人力資源管理者職業高原整體狀態上的工作年限差異

在問卷調查中，將企業人力資源管理者的工作年限劃分為 4 年以下（包括 4 年）、5~10 年、11~15 年、16~20 年和 21 年以上五個分組。在大樣本調查後發現處於 16~20 年和 21 年以上年限組的樣本數量較少，不利於進行統計分析，因此將這兩組與 11~15 年工作年限組合併進行研究。合併後的年齡組共有三組數據，採用單因子方差分析方法對數據進行分析比較。表 4.5 單因子方差分析結果顯示，F 值為 5.071，且 P<0.05，表明工作年限對企業人力資源管理者職業高原的影響存在顯著差異。為了進一步比較不同工作年限段的人力資源管理者在職業高原上的具體差異，需要對其做多重比較。在進行多重比較前，先進行方差齊性檢驗，根據方差齊性或方差不齊分別選擇 LSD 或 Tamhane's T2 法進行多重比較。具體檢驗結果見表 4.6。

表 4.5　工作年限對員工職業高原影響差異的單因子方差分析

	平方和	df	均方	F	顯著性
組間	10.084	2	5.042	5.071	0.007
組內	359.926	362	0.994		
總數	370.010	364			

表4.6 企業員工職業高原整體狀態上工作年限差異的多重比較

因子	方差齊性檢驗(Sig.)	多重比較方法	(I)工作年限	(J)工作年限	均值差(I-J)	顯著性(Sig.)
職業高原	0.010<0.05	Tamhane's T2	4年以下	5~10年 11年以上	0.017,26 -0.362,54*	0.998 0.028
			5~10年	4年以下 11年以上	-0.017,26 -0.379,80*	0.998 0.021
			11年以上	4年以下 5~10年	0.362,54* 0.379,80*	0.028 0.021

註：＊表示均值差的顯著性水平為0.05。

表4.6的統計檢驗結果顯示，方差齊性檢驗時得出具有方差齊性的結論（P<0.05），因此，在進行多重比較時採用Tamhane's T2方法的統計檢驗結果。從表4.6中的分析數據可以看出，工作年限為4年以下的人力資源管理者與工作年限為5~10年的人力資源管理者之間的職業高原並不存在顯著差異；工作年限為4年以下的人力資源管理者與工作年限在10年以上的人力資源管理者在職業高原上的均值差為-0.362,54，顯著性概率為0.028，存在顯著差異；工作年限為5~10年的人力資源管理者與工作年限為11年以上的人力資源管理者在職業高原上的均值差為-0.379,80，顯著性概率為0.021，存在顯著差異。可見，人力資源管理者工作年限越長，對職業高原的感受越強烈。

4.3.1.4 企業人力資源管理者職業高原整體狀態上的任職年限差異

在問卷調查中，將企業人力資源管理者的任現職年限劃分為3年以下、3~5年、5~8年和8年以上四個分組。在大樣本調查后發現處於8年以上年限組的樣本數量較少，不利於進行統計分析，因此將5~8年與8年以上任職年限組合併進行研究。合併后的任職年限組共有三組數據，採用單因子方差分析方法對數據進行分析比較。表4.7單因子方差分析結果顯示，F值為6.308，且P<0.05，表明任職年限長短對企業人力資源管理者職業高原的影響存在非常顯著的差異。進一步採用多重比較對在當前崗位上不同任職年限段的人力資源管理者在職業高原上的具體差異進行分析。在進行多重比較前，先進行方差齊性檢驗，根據方差齊性或方差不齊分別選擇LSD或Tamhane's T2法進行多重比較。具體檢驗結果見表4.8。

表 4.7　任職年限對人力資源管理者職業高原影響差異的單因子方差分析

	平方和	df	均方	F	顯著性
組間	12.461	2	6.231	6.308	0.002
組內	357.548	362	0.988		
總數	370.010	364			

表 4.8　企業員工職業高原整體狀態上任職年限差異的多重比較

因子	方差齊性檢驗(Sig.)	多重比較方法	(I)任職年限	(J)任職年限	均值差(I-J)	顯著性(Sig.)
職業高原	0.001<0.05	Tamhane's T2	3 年以下	3~5 年 5 年以上	0.161,58 −0.289,02	0.432 0.083
			3~5 年	3 年以下 5 年以上	−0.161,58 −0.450,60*	0.432 0.002
			5 年以上	3 年以下 3~5 年	0.289,02 0.450,60*	0.083 0.002

註：＊表示均值差的顯著性水平為 0.05。

　　表 4.8 的統計檢驗結果顯示，方差齊性檢驗時得出具有方差齊性的結論（P<0.05），因此，在進行多重比較時採用 Tamhane's T2 方法分析統計檢驗結果。從分析結果來看，任職年限為 3 年以下的人力資源管理者與任職年限 3~5年以及任職年限 5 年以上的人力資源管理者的職業高原差異並不顯著；任職 3~5 年的人力資源管理者與任職 5 年以上的人力資源管理者的職業高原變量上的均值差為−0.450,60，顯著性概率為 0.002，表明差異顯著。任職 5 年以上的人力資源管理者的職業高原感受要大於任職 3~5 年的人力資源管理者。由此可見，職業高原的客觀測量方法研究中將 5 年任職期作為判斷員工是否處於職業高原的標準是具有一定的科學性的。

4.3.1.5　企業員工職業高原整體狀態上的婚姻差異

　　採用獨立樣本 t 檢驗來分析企業人力資源管理者的婚姻狀態是否對職業高原產生影響。首先，針對兩個樣本進行方差齊性檢驗，檢驗結果顯示 F 值為 0.262，顯著性概率為 0.609，說明可以接受兩個樣本方差相對的假設。因此，在對企業人力資源管理者職業高原整體狀態的婚姻差異檢驗時，在 t 檢驗結果中選取方差相等一行的數據作為 t 檢驗的結果數據。檢驗結果見表 4.9。從表 4.9 可知，未婚人力資源管理者的職業高原的平均值為 3.484,5，略高於已婚

員工的平均值 3.336,9。但獨立樣本 t 檢驗發現，未婚人力資源管理者與已婚人力資源管理者之間的差異不顯著（t = 1.298，P>0.05），說明企業人力資源管理者在職業高原整體狀態上不存在顯著的婚姻差異。

表 4.9　企業人力資源管理者職業高原整體狀態上的婚姻差異比較

因子	婚姻狀況	觀測量 N	均值	標準差	t	Sig.（雙尾）
職業高原	未婚	115	3.484,5	0.964,03	1.298	0.195
	已婚	249	3.336,9	1.028,38		

4.3.1.6　企業人力資源管理者職業高原整體狀態上的學歷差異

在問卷調查中將被調查者的學歷狀況劃分為大學專科以下、大學專科、大學本科和碩士及以上四種情況，但在大樣本調查結果回收後發現學歷為專科以下的樣本數量較少，不利於進行統計學分析，因此將學歷分組調整為大學專科及以下、大學本科、碩士及以上三組。採用單因子方差分析方法對數據進行分析比較。其分析結果如表 4.10 所示。表 4.10 單因子方差分析結果顯示，F 值為 8.317，且 P<0.05，表明學歷對企業人力資源管理者職業高原的影響存在非常顯著的差異。進一步採用多重比較對不同學歷的人力資源管理者在職業高原上的具體差異進行分析。在進行多重比較前，先進行方差齊性檢驗，根據方差齊性或方差不齊分別選擇 LSD 或 Tamhane's T2 法進行多重比較。具體檢驗結果見表 4.11。

表 4.10　學歷對人力資源管理者職業高原影響差異的單因子方差分析

	平方和	df	均方	F	顯著性
組間	16.255	2	8.128	8.317	0.000
組內	353.754	362	0.977		
總數	370.010	364			

從表 4.11 中的比較結果可以看出，學歷在專科及以下的人力資源管理者與學歷在大學本科的人力資源管理者之間職業高原的均值差為 0.488,69，顯著性概率為 0.002，差異顯著，表明專科及以下學歷的人力資源管理者的職業高原要高於本科學歷的人力資源管理者的職業高原；學歷在專科及以下的人力資源管理者與學歷在碩士及以上的人力資源管理者的職業高原均值差為 0.573,36，顯著性概率為 0.004，差異顯著，表明專科及以下學歷的人力資源管理者的職業高原要高於碩士及以上的人力資源管理者的職業高原；學歷在大

學本科的人力資源管理者與學歷在碩士及以上的人力資源管理者的職業高原均值差異並不顯著。

表 4.11　企業人力資源管理者職業高原整體狀態上學歷差異的多重比較

因子	方差齊性檢驗(Sig.)	多重比較方法	(I) 學歷	(J) 學歷	均值差(I-J)	顯著性(Sig.)
職業高原	0.027<0.05	Tamhane's T2	專科及以下	大學本科 碩士及以上	0.488,69* 0.573,36*	0.002 0.004
			大學本科	專科及以下 碩士及以上	-0.488,6* 0.084,67	0.002 0.904
			碩士及以上	專科及以下 大學本科	-0.573,3* -0.084,7	0.004 0.904

註：＊表示均值差的顯著性水平為 0.05。

4.3.1.7　企業人力資源管理者職業高原整體狀態上的職位差異

分析企業人力資源管理者職業高原在職位上的差異，首先採用單因子方差分析方法對數據進行分析比較。其分析結果如表 4.12 所示。表 4.12 單因子方差分析結果顯示，F 值為 28.860，且 P<0.05，表明職位對企業人力資源管理者職業高原的影響存在非常顯著的差異。進一步採用多重比較對不同職位的人力資源管理者在職業高原上的具體差異進行分析。具體檢驗結果見表 4.13。

表 4.12　職位對人力資源管理者職業高原影響差異的單因子方差分析

	平方和	df	均方	F	顯著性
組間	71.575	3	23.858	28.860	0.000
組內	298.434	361	0.827		
總數	370.010	364			

表 4.13 的分析結果顯示，方差齊性檢驗時得出具有方差齊性的結論（P<0.05），因此，在進行多重比較時採用 Tamhane's T2 方法分析統計檢驗結果。其中，處於普通職位的人力資源管理者與人力資源基層經理的職業高原均值差為 0.411,92，且差異顯著；處於普通職位的人力資源管理者與人力資源中層經理的職業高原均值差為 1.033,76，且差異顯著；處於普通職位的人力資源管理者與人力資源高層經理的職業高原均值差為 1.241,56，且差異顯著；人力資源基層經理與中層經理之間的職業高原均值差為 0.621,84，且差異顯著；人力資源基層經理與高層經理之間的職業高原均值差為 0.829,64，且差異顯

著；人力資源中層經理與高層經理之間的職業高原均值差異不顯著。說明職位越低的人力資源管理者對職業高原的感受越強烈。

表 4.13　企業人力資源管理者職業高原整體狀態上職位差異的多重比較

因子	方差齊性檢驗(Sig.)	多重比較方法	(I) 職位	(J) 職位	均值差(I-J)	顯著性(Sig.)
職業高原	0.000<0.05	Tamhane's T2	普通職位	基層經理 中層經理 高層經理	0.411,92* 1.033,76* 1.241,56*	0.035 0.000 0.000
			基層經理	普通職位 中層經理 高層經理	-0.411,92* 0.621,84* 0.829,64*	0.035 0.000 0.000
			中層經理	普通職位 基層經理 高層經理	-1.033,76* -0.621,84* 0.207,80	0.000 0.000 0.258
			高層經理	普通職位 基層經理 中層經理	-1.241,56* -0.829,64* -0.207,80	0.000 0.000 0.258

註：＊表示均值差的顯著性水平為 0.05。

4.3.1.8　企業人力資源管理者職業高原整體狀態上的企業性質差異

分析企業人力資源管理者職業高原在企業性質上的差異，首先採用單因子方差分析方法對數據進行分析比較。其分析結果如表 4.14 所示。表 4.14 單因子方差分析結果顯示，F 值為 11.063，且 P<0.05，表明企業性質對企業人力資源管理者職業高原的影響存在非常顯著的差異。進一步採用多重比較對不同企業性質中的人力資源管理者在職業高原上的具體差異進行分析。具體檢驗結果見表 4.15。

表 4.15 的分析結果顯示，方差齊性檢驗時得出具有方差齊性的結論（P<0.05），因此，在進行多重比較時採用 Tamhane's T2 方法分析統計檢驗結果。根據統計分析結果，國有企業中的人力資源管理者和民營企業中人力資源管理者的職業高原均值差異不顯著；國有企業人力資源管理者與外資企業人力資源管理者的職業高原均值差為 0.636,62，且差異顯著；國有企業人力資源管理者與合資企業人力資源管理者職業高原均值差為 0.842,59，且差異顯著；民營企業人力資源管理者與外資企業人力資源管理者職業高原均值差為 0.370,46，且差異顯著；民營企業人力資源管理者與合資企業人力資源管理者

職業高原均值差為0.576,43，且差異顯著；外資企業與合資企業人力資源管理者職業高原均值差異不顯著。這說明國有企業和民營企業人力資源管理者的職業高原感受無差異，而國有企業和民營企業人力資源管理者的職業高原要高於外資企業和合資企業人力資源管理者的職業高原。

表4.14　企業性質對人力資源管理者職業高原影響差異的單因子方差分析

	平方和	df	均方	F	顯著性
組間	31.153	3	10.384	11.063	0.000
組內	338.856	361	0.939		
總數	370.010	364			

表4.15　企業人力資源管理者職業高原整體狀態上企業性質差異的多重比較

因子	方差齊性檢驗(Sig.)	多重比較方法	(I)企業性質	(J)企業性質	均值差(I-J)	顯著性(Sig.)
職業高原	0.001<0.05	Tamhane's T2	國有企業	民營企業 外資企業 合資企業	0.266,16 0.636,62* 0.842,59*	0.353 0.000 0.000
			民營企業	國有企業 外資企業 合資企業	-0.266,16 0.370,46* 0.576,43*	0.353 0.012 0.003
			外資企業	國有企業 民營企業 合資企業	-0.636,62* -0.370,46* 0.205,97	0.000 0.012 0.726
			合資企業	國有企業 民營企業 外資企業	-0.842,59* -0.576,43* -0.205,97	0.000 0.003 0.726

註：＊表示均值差的顯著性水平為0.05。

4.3.2　人口學變量與企業員工職業高原不同維度的關係

由於企業人力資源管理者職業高原是一個四維的複雜結構，本節將進一步探討職業高原的不同維度在人口學變量上是否存在顯著差異，以及如果存在差異，這些差異是如何影響職業高原的各個構成維度的。

4.3.2.1 性別對企業人力資源管理者職業高原各維度的影響

本節採用獨立樣本 t 檢驗的方法檢驗性別是否對職業高原各維度產生顯著影響。職業高原各維度對性別的平均數差異如表 4.16 所示。從表 4.16 的檢驗結果中可以看出，雖然男女性別不同職業高原各構成維度的得分均值存在差異，但通過顯著性檢驗發現這種差異並不顯著。

表 4.16　職業高原各維度對性別的平均數差異顯著性檢驗

因子	性別	N	均值	標準差	t 值	Sig.（雙側）
結構高原	男 女	158 207	3.820,3 4.096,6	1.581,29 1.241,33	-1.812	0.071
內容高原	男 女	158 207	2.848,1 2.850,2	1.156,90 1.217,73	-0.017	0.986
中心化高原	男 女	158 207	3.159,5 3.368,1	1.328,14 1.090,80	-1.647	0.100
動機高原	男 女	158 207	3.087,3 3.189,4	1.685,07 1.484,58	-0.603	0.547

4.3.2.2 年齡對企業人力資源管理者職業高原各維度的影響

首先採用上一節中的分組方法對年齡進行重新分組，再採用單因子方差分析方法分析年齡對人力資源管理者職業高原各構成維度的影響，統計結果如表 4.17 所示。從表 4.17 的顯著性檢驗結果來看，職業高原構成維度中的結構高原、中心化高原和動機高原在年齡上存在顯著差異，而內容高原在年齡上不存在顯著差異。進一步通過多重比較法比較年齡對這三個構成維度的具體差異。採用的比較方法仍然是首先進行方差齊次性檢驗，以判斷採用 LSD 法或 Tamhane's T2 法進行多重比較，檢驗結果如表 4.18 所示。

表 4.17　年齡對員工職業高原各維度因子影響差異的單因子方差分析

		平方和	df	均方	F	顯著性
結構高原	組間	31.549	2	15.774	8.333	0.000
	組內	685.298	362	1.893		
	總數	716.847	364			
內容高原	組間	2.156	2	1.078	0.760	0.468
	組內	513.445	362	1.418		
	總數	515.601	364			

表4.17(續)

		平方和	df	均方	F	顯著性
中心化高原	組間	40.275	2	20.137	15.010	0.000
	組內	485.675	362	1.342		
	總數	525.950	364			
動機高原	組間	78.416	2	39.208	17.260	0.000
	組內	822.328	362	2.272		
	總數	900.744	364			

表 4.18　年齡對人力資源管理者職業高原各維度因子影響差異的多重比較

	方差齊性檢驗(Sig.)	多重比較方法	(I) 年齡分組	(J) 年齡分組	均值差 (I-J)	顯著性
結構高原	0.007<0.05	Tamhane's T2	18~25 歲	26~30 歲 31 歲以上	−0.287,15 −0.740,09*	0.514 0.004
			26~30 歲	18~25 歲 31 歲以上	0.287,15 −0.452,94*	0.514 0.011
			31 歲以上	18~25 歲 26~30 歲	0.740,09* 0.452,94*	0.004 0.011
中心化高原	0.000<0.05	Tamhane's T2	18~25 歲	26~30 歲 31 歲以上	0.843,83* 0.889,35*	0.000 0.000
			26~30 歲	18~25 歲 31 歲以上	−0.843,83* 0.045,52	0.000 0.980
			31 歲以上	18~25 歲 26~30 歲	−0.889,35* −0.045,52	0.000 0.980
動機高原	0.049<0.05	Tamhane's T2	18~25 歲	26~30 歲 31 歲以上	−0.619,35* −1.226,61*	0.020 0.000
			26~30 歲	18~25 歲 31 歲以上	0.619,35* −0.607,27*	0.020 0.001
			31 歲以上	18~25 歲 26~30 歲	1.226,61* 0.607,27*	0.000 0.001

註：*表示均值差的顯著性水平為 0.05。

表 4.18 的統計檢驗結果顯示：①在結構高原上，18~25 歲年齡組與 26~30 歲年齡組的人力資源管理者均值差異不顯著；18~25 歲年齡組與 31 歲以上

年齡組均值差異顯著，均值差為-0.740,09；26~30歲年齡組與31歲以上年齡組均值差異顯著，均值差為-0.452,94。這說明年齡越大，人力資源管理者的結構高原程度越高。②在中心化高原上，18~25歲年齡組與26~30歲年齡組均值差異顯著，均值差為0.843,83；18~25歲年齡組與31歲以上年齡組均值差異顯著，均值差為0.889,35；26~30歲年齡組與31歲以上年齡組均值差異不顯著。這說明年齡越低，人力資源管理者的中心化高原程度越高。③在動機高原上，18~25歲年齡組與26~30歲年齡組均值差異顯著，均值差為-0.619,35，18~25歲年齡組與31歲以上年齡組均值差異顯著，均值差為-1.226,61；26~30歲年齡組與31歲以上年齡組均值差異顯著，均值差為-0.607,27。這說明年齡越大，人力資源管理者的動機高原程度越高。

4.3.2.3 工作年限對企業人力資源管理者職業高原各維度的影響

首先採用上一節中的分組方法對工作年限進行重新分組，再採用單因子方差分析方法分析工作年限對人力資源管理者職業高原各構成維度的影響，統計結果如表4.19所示。從表4.19的顯著性檢驗結果來看，職業高原構成維度中的結構高原、中心化高原和動機高原在工作年限上存在顯著差異，而內容高原在工作年限上不存在顯著差異。進一步通過多重比較法比較工作年限對這三個構成維度的具體差異。採用的比較方法仍然是首先進行方差其次性檢驗，以判斷採用LSD法或Tamhane's T2法進行多重比較，檢驗結果如表4.20所示。

表4.19　工作年限對員工職業高原各維度因子影響差異的單因子方差分析

		平方和	df	均方	F	顯著性
結構高原	組間	21.445	2	10.723	5.582	0.004
	組內	695.401	362	1.921		
	總數	716.847	364			
內容高原	組間	4.677	2	2.339	1.657	0.192
	組內	510.924	362	1.411		
	總數	515.601	364			
中心化高原	組間	31.425	2	15.713	11.502	0.000
	組內	494.525	362	1.366		
	總數	525.950	364			
動機高原	組間	92.248	2	46.124	20.652	0.000
	組內	808.496	362	2.233		
	總數	900.744	364			

表 4.20　工作年限對人力資源管理者職業高原各維度因子影響差異的多重比較

	方差齊性檢驗(Sig.)	多重比較方法	(I) 工作年限分組	(J) 工作年限分組	均值差(I-J)	顯著性
結構高原	0.002<0.05	Tamhane's T2	4 年以下	5～10 年 11 年以上	-0.303,03 -0.610,43*	0.187 0.006
			5～10 年	4 年以下 11 年以上	0.303,03 -0.307,40	0.187 0.270
			11 年以上	4 年以下 5～10 年	0.610,43* 0.307,40	0.006 0.270
中心化高原	0.000<0.05	Tamhane's T2	4 年以下	5～10 年 11 年以上	0.684,85* 0.422,62*	0.000 0.011
			5～10 年	4 年以下 11 年以上	-0.684,85* -0.262,23	0.000 0.168
			11 年以上	4 年以下 5～10 年	-0.422,62* 0.262,23	0.011 0.168
動機高原	0.002<0.05	Tamhane's T2	4 年以下	5～10 年 11 年以上	-0.519,70* -1.269,19*	0.008 0.000
			5～10 年	4 年以下 11 年以上	0.519,70* -0.749,49*	0.008 0.001
			11 年以上	4 年以下 5～10 年	1.269,19 0.749,49**	0.000 0.001

註：*表示均值差的顯著性水平為 0.05。

表 4.20 統計結果顯示：①在結構高原上，工作年限在 4 年以下和 5～10 年組均值不存在顯著差異；工作年限在 4 年以下與 11 年以上存在顯著差異，均值差為-0.610,43；工作年限為 5～10 年組與 11 年以上組均值不存在顯著差異。②在中心化高原上，工作年限在 4 年以下和 5～10 年組均值存在顯著差異，均值差為 0.684,85；工作年限在 4 年以下與 11 年以上存在顯著差異，均值差為 0.422,62；工作年限為 5～10 年組與 11 年以上組均值不存在顯著差異。這說明工作年限越短，人力資源管理者的中心化高原程度越高。③在動機高原上，工作年限在 4 年以下和 5～10 年組均值存在顯著差異，均值差為-0.519,70；工作年限在 4 年以下與 11 年以上存在顯著差異，均值差為-1.269,19；工作年限為 5～10 年組與 11 年以上組均值差異顯著，均值差為-0.749,49。這說明工作年限越長，人力資源管理者的動機高原程度越高。

4.3.2.4 任職年限對企業員工職業高原各維度的影響

首先採用上一節中的分組方法對企業人力資源管理者的任現職年限進行重新分組，再採用單因子方差分析方法分析工作年限對人力資源管理者職業高原各構成維度的影響，統計結果如表 4.21 所示。從單因子方差分析結果來看，職業高原各構成維度均在任職年限上有顯著差異。進一步通過多重比較法比較工作年限對這三個構成維度的具體差異。採用的比較方法仍然是首先進行方差齊次性檢驗，以判斷採用 LSD 法或 Tamhane's T2 法進行多重比較，檢驗結果如表 4.22 所示。

表 4.21　任職年限對員工職業高原各維度因子影響差異的單因子方差分析

		平方和	df	均方	F	顯著性
結構高原	組間	27.787	2	13.893	7.299	0.001
	組內	689.060	362	1.903		
	總數	716.847	364			
內容高原	組間	14.151	2	7.075	5.108	0.006
	組內	501.451	362	1.385		
	總數	515.601	364			
中心化高原	組間	35.316	2	17.658	13.028	0.000
	組內	490.634	362	1.355		
	總數	525.950	364			
動機高原	組間	73.348	2	36.674	16.046	0.000
	組內	827.396	362	2.286		
	總數	900.744	364			

表 4.22 統計結果顯示：①在結構高原上，任職年限 3 年以下組與 3~5 年組的均值差異不顯著；任職年限 3 年以下組與 5 年以上組的均值差異顯著，均值差為-0.595,67；任職年限 3~5 年組與 5 年以上組均值差異顯著，均值差為-0.566,60。這說明任職年限越長，人力資源管理者的結構高原程度越高。②在內容高原上，任職年限 3 年以下組與 3~5 年組均值差異顯著，均值差為 0.334,32；任職年限 3 年以下組與 5 年以上組均值差異不顯著；任職年限 3~5 年組與 5 年以上組均值差異顯著，均值差為-0.479,07。③在中心化高原上，任職年限 3 年以下組與 3~5 年組均值差異顯著，均值差為 0.741,22；3 年以下組與 5 年以上組均值差異顯著，均值差為 0.516,68；任職年限 3~5 年組與 5 年以上組均值差異不顯著。這說明任職年限越短，人力資源管理者的中心化高

原程度越高。④在動機高原上，任職年限 3 年以下組與 3~5 年組均值差異不顯著；任職年限 3 年以下組與 5 年以上組均值差異顯著，均值差為 -1.071,12；任職年限 3~5 年組與 5 年以上組均值差異顯著，均值差為 -0.662,09。這說明任職年限越長，人力資源管理者的動機高原程度越高。

表 4.22　任職年限對人力資源管理者職業高原各維度因子影響差異的多重比較

	方差齊性檢驗(Sig.)	多重比較方法	(I) 任職年限分組	(J) 任職年限分組	均值差(I-J)	顯著性
結構高原	0.058>0.05	LSD	3 年以下	3~5 年 5 年以上	-0.029,07 -0.595,67*	0.870 0.001
			3~5 年	3 年以下 5 年以上	0.029,07 -0.566,60*	0.870 0.002
			5 年以上	3 年以下 3~5 年	0.595,67* 0.566,60*	0.001 0.002
內容高原	0.390>0.05	LSD	3 年以下	3~5 年 5 年以上	0.334,32* -0.144,74	0.028 0.330
			3~5 年	3 年以下 5 年以上	-0.334,32* -0.479,07*	0.028 0.002
			5 年以上	3 年以下 3~5 年	0.144,74 0.479,07*	0.330 0.002
中心化高原	0.017<0.05	Tamhane's T2	3 年以下	3~5 年 5 年以上	0.741,22* 0.516,68*	0.000 0.002
			3~5 年	3 年以下 5 年以上	-0.741,22* -0.224,54	0.000 0.288
			5 年以上	3 年以下 3~5 年	-0.516,68* 0.224,54	0.002 0.288
動機高原	0.001<0.05	Tamhane's T2	3 年以下	3~5 年 5 年以上	-0.409,03 -1.071,12*	0.067 0.000
			3~5 年	3 年以下 5 年以上	0.409,03 -0.662,09*	0.067 0.002
			5 年以上	3 年以下 3~5 年	1.071,12* 0.662,09*	0.000 0.002

註：＊表示均值差的顯著性水平為 0.05。

4.3.2.5 婚姻對企業人力資源管理者職業高原各維度的影響

採用獨立樣本 t 檢驗的方法檢驗婚姻狀態是否對職業高原各維度產生顯著影響。職業高原各維度對婚姻狀況的平均數差異如表 4.23 所示。從表 4.23 的統計檢驗中可以看出，結構高原和內容高原在婚姻狀態上的差異不顯著；但中心化高原和動機高原在婚姻狀態上的差異顯著。其中，未婚人士的中心化高原程度大於已婚人士；未婚人士的動機高原程度低於已婚人士。

表 4.23　職業高原各維度對婚姻狀況的平均數差異顯著性檢驗

	婚姻狀況	N	均值	標準差	均值的標準誤	t 值	Sig.
結構高原	未婚	115	3.900,9	1.534,03	0.143,05	-0.738	0.461
	已婚	249	4.017,7	1.340,44	0.084,95		
內容高原	未婚	115	3.000,0	1.171,46	0.109,24	1.601	0.110
	已婚	249	2.785,8	1.193,47	0.075,63		
中心化高原	未婚	115	3.807,0	1.272,91	0.118,70	6.021	0.000
	已婚	249	3.028,1	1.084,65	0.068,74		
動機高原	未婚	115	2.880,0	1.654,93	0.154,32	-2.193	0.029
	已婚	249	3.267,5	1.524,94	0.096,64		

4.3.2.6 學歷對企業人力資源管理者職業高原各維度的影響

採用上一節的方式對學歷進行重新分組後，首先採用單因子方差分析方法分析學歷差異對人力資源管理者職業高原各構成維度的影響，統計結果如表 4.24 所示。根據單因子方差分析結果，職業高原各構成維度在學歷上具有顯著差異。進一步通過多重比較法比較工作年限對這三個構成維度的具體差異。採用的比較方法仍然是首先進行方差齊次性檢驗，以判斷採用 LSD 法或 Tamhane's T2 法進行多重比較，檢驗結果如表 4.25 所示。

表 4.24　學歷對員工職業高原各維度因子影響差異的單因子方差分析

		平方和	df	均方	F	顯著性
結構高原	組間	56.655	2	28.327	15.533	0.000
	組內	660.192	362	1.824		
	總數	716.847	364			
內容高原	組間	10.652	2	5.326	3.818	0.023
	組內	504.950	362	1.395		
	總數	515.601	364			

表4.24(續)

		平方和	df	均方	F	顯著性
中心化高原	組間	20.760	2	10.380	7.438	0.001
	組內	505.190	362	1.396		
	總數	525.950	364			
動機高原	組間	20.688	2	10.344	4.255	0.015
	組內	880.056	362	2.431		
	總數	900.744	364			

表 4.25 多重比較分析結果顯示：①在結構高原上，學歷為專科及以下組與大學本科組均值差異顯著，均值差為 0.791,28；學歷為專科及以下組與碩士及以上組均值差異顯著，均值差為 1.285,99；大學本科學歷與碩士及以上組均值差異顯著，均值差為 0.494,71。這說明學歷越低，人力資源管理者的結構高原程度越高。②在內容高原上，專科及以下組與大學本科組均值差異顯著，均值差為 0.409,72；專科及以下組與碩士及以上組均值差異不顯著；大學本科組與碩士及以上組均值差異不顯著。③在中心化高原上，專科及以下組與大學本科組均值差異顯著，均值差為 0.416；專科及以下組與碩士及以上組均值差異不顯著；大學本科組與碩士及以上組均值差異顯著，均值差為-0.624,05。④在動機高原上，專科及以下組與大學本科組均值差異不顯著；專科及以下組與碩士及以上組均值差異顯著，均值差為 0.855,87；大學本科組與碩士及以上組均值差異不顯著。

表 4.25　學歷對人力資源管理者職業高原各維度因子影響差異的多重比較

	方差齊性檢驗(Sig.)	多重比較方法	(I) 學歷分組	(J) 學歷分組	均值差 (I-J)	顯著性
結構高原	0.969>0.05	LSD	專科及以下	大學本科 碩士及以上	0.791,28* 1.285,99*	0.000 0.000
			大學本科	專科及以下 碩士及以上	-0.791,28* 0.494,71*	0.000 0.028
			碩士及以上	專科及以下 大學本科	-1.285,99* -0.494,71*	0.000 0.028

表4.25(續)

	方差齊性檢驗(Sig.)	多重比較方法	(I) 學歷分組	(J) 學歷分組	均值差(I-J)	顯著性
內容高原	0.001<0.05	Tamhane's T2	專科及以下	大學本科 碩士及以上	0.409,72* 0.406,98	0.048 0.224
			大學本科	專科及以下 碩士及以上	-0.409,72* -0.002,75	0.048 1.000
			碩士及以上	專科及以下 大學本科	-0.406,98 0.002,75	0.224 1.000
中心化高原	0.378>0.05	LSD	專科及以下	大學本科 碩士及以上	0.416,00* -0.208,05	0.006 0.350
			大學本科	專科及以下 碩士及以上	-0.416,00* -0.624,05*	0.006 0.002
			碩士及以上	專科及以下 大學本科	0.208,05 0.624,05*	0.350 0.002
動機高原	0.000<0.05	Tamhane's T2	專科及以下	大學本科 碩士及以上	0.312,05 0.855,87*	0.448 0.016
			大學本科	專科及以下 碩士及以上	-0.312,05 0.543,82	0.448 0.067
			碩士及以上	專科及以下 大學本科	-0.855,87* -0.543,82	0.016 0.067

註：*表示均值差的顯著性水平為0.05。

4.3.2.7 職位等級對企業人力資源管理者職業高原各維度的影響

首先採用單因子方差分析方法分析職位等級差異對人力資源管理者職業高原各構成維度的影響，統計結果如表4.26所示。單因子方差分析結果顯示，職業高原各構成維度在職位上的差異顯著。進一步通過多重比較法比較職位對這三個構成維度的具體差異。採用的比較方法仍然是首先進行方差齊次性檢驗，以判斷採用LSD法或Tamhane's T2法進行多重比較，檢驗結果如表4.27所示。

表4.27多重比較分析結果顯示：①在結構高原上，普通職位人力資源管理者與基層經理均值差異不顯著；普通職位人力資源管理者與中層經理均值差異顯著，均值差為1.139,73；普通職位人力資源管理者與高層經理均值差異顯著，均值差為1.529,96；基層經理與中層經理均值差異顯著，均值差為0.893,13；基層經理與高層經理均值差異顯著，均值差為1.283,36；中層經理

與高層經理均值差異不顯著。這說明職位越低，人力資源管理者的結構高原程度越高。②在內容高原上，普通職位人力資源管理者與基層經理均值差異顯著，均值差為 0.590,9；普通職位人力資源管理者與中層經理均值差異顯著，均值差為 1.035,73；普通職位人力資源管理者與高層經理均值差異顯著，均值差為 1.140,77；基層經理與中層經理均值差異顯著，均值差為 0.444,82；基層經理與高層經理均值差異顯著，均值差為 0.549,87；中層經理與高層經理均值差異不顯著。這說明職位越低，人力資源管理者的內容高原程度越高。③在中心化高原上，普通職位人力資源管理者與基層經理均值差異顯著，均值差為 0.733,25；普通職位人力資源管理者與中層經理均值差異顯著，均值差為 1.090,44；普通職位人力資源管理者與高層經理均值差異顯著，均值差為 1.562,45；基層經理與中層經理均值差異不顯著；基層經理與高層經理均值差異顯著，均值差為 0.829,20；中層經理與高層經理均值差異顯著，均值差為 0.472,01。這說明職位越低，人力資源管理者中心化高原程度越高。④在動機高原上，普通職位人力資源管理者與基層經理均值差異不顯著；普通職位人力資源管理者與中層經理均值差異顯著，均值差為 0.843,83；普通職位人力資源管理者與高層經理均值差異不顯著；基層經理與中層經理均值差異顯著，均值差為 0.893,16；基層經理與高層經理均值差異顯著，均值差為 0.588,46；中層經理與高層經理均值差異不顯著。

表4.26　職位對員工職業高原各維度因子影響差異的單因子方差分析

		平方和	df	均方	F	顯著性
結構高原	組間	113.530	3	37.843	22.644	0.000
	組內	603.316	361	1.671		
	總數	716.847	364			
內容高原	組間	59.958	3	19.986	15.835	0.000
	組內	455.644	361	1.262		
	總數	515.601	364			
中心化高原	組間	81.659	3	27.220	22.117	0.000
	組內	444.291	361	1.231		
	總數	525.950	364			
動機高原	組間	62.207	3	20.736	8.927	0.000
	組內	838.537	361	2.323		
	總數	900.744	364			

表4.27 職位對人力資源管理者職業高原各維度因子影響差異的多重比較

	方差齊性檢驗(Sig.)	多重比較方法	(I)職位分組	(J)職位分組	均值差(I-J)	顯著性
結構高原	0.000<0.05	Tamhane's T2	普通職位	基層經理 中層經理 高層經理	0.246,60 1.139,73* 1.529,96*	0.646 0.000 0.000
			基層經理	普通職位 中層經理 高層經理	-0.246,60 0.893,13* 1.283,36*	0.646 0.000 0.000
			中層經理	普通職位 基層經理 高層經理	-1.139,73* -0.893,13* 0.390,23	0.000 0.000 0.203
			高層經理	普通職位 基層經理 中層經理	-1.529,96* -1.283,36* -0.390,23	0.000 0.000 0.203
內容高原	0.000<0.05	Tamhane's T2	普通職位	基層經理 中層經理 高層經理	0.590,90* 1.035,73* 1.140,77*	0.030 0.000 0.000
			基層經理	普通職位 中層經理 高層經理	-0.590,90* 0.444,82* 0.549,87*	0.030 0.011 0.005
			中層經理	普通職位 基層經理 高層經理	-1.035,73* -0.444,82* 0.105,04	0.000 0.011 0.974
			高層經理	普通職位 基層經理 中層經理	-1.140,77* -0.549,87* -0.105,04	0.000 0.005 0.974
中心化高原	0.001<0.05	Tamhane's T2	普通職位	基層經理 中層經理 高層經理	0.733,25* 1.090,44* 1.562,45*	0.000 0.000 0.000
			基層經理	普通職位 中層經理 高層經理	-0.733,25* 0.357,19 0.829,20*	0.000 0.081 0.000
			中層經理	普通職位 基層經理 高層經理	-1.090,44* -0.357,19 0.472,01*	0.000 0.081 0.028
			高層經理	普通職位 基層經理 中層經理	-1.562,45* -0.829,20* -0.472,01*	0.000 0.000 0.028

表 4.27(續)

方差齊性檢驗(Sig.)	多重比較方法	(I) 職位分組	(J) 職位分組	均值差（I-J）	顯著性
動機高原 0.000<0.05	Tamhane's T2	普通職位	基層經理 中層經理 高層經理	−0.049,33 0.843,83* 0.539,13	1.000 0.005 0.162
		基層經理	普通職位 中層經理 高層經理	0.049,33 0.893,16* 0.588,46*	1.000 0.000 0.018
		中層經理	普通職位 基層經理 高層經理	−0.843,83* −0.893,16* −0.304,70	0.005 0.000 0.349
		高層經理	普通職位 基層經理 中層經理	−0.539,13 −0.588,46* 0.304,70	0.162 0.018 0.349

註：*表示均值差的顯著性水平為 0.05。

4.3.2.8 企業性質對企業人力資源管理者職業高原各維度的影響

首先採用單因子方差分析方法分析職位等級差異對人力資源管理者職業高原各構成維度的影響，統計結果如表 4.28 所示。根據單因子方差分析結果顯示，結構高原、內容高原和動機高原在企業性質上差異顯著，中心化高原差異不顯著。進一步通過多重比較法比較職位對這三個構成維度的具體差異。採用的比較方法仍然是首先進行方差齊次性檢驗，以判斷採用 LSD 法或 Tamhane's T2 法進行多重比較，檢驗結果如表 4.29 所示。

表 4.28 企業性質對員工職業高原各維度因子影響差異的單因子方差分析

		平方和	df	均方	F	顯著性
結構高原	組間	82.078	3	27.359	15.560	0.000
	組內	634.768	361	1.758		
	總數	716.847	364			
內容高原	組間	16.690	3	5.563	4.025	0.008
	組內	498.911	361	1.382		
	總數	515.601	364			
中心化高原	組間	6.574	3	2.191	1.523	0.208
	組內	519.376	361	1.439		
	總數	525.950	364			

表4.28(續)

		平方和	df	均方	F	顯著性
動機高原平均	組間	54.158	3	18.053	7.698	0.000
	組內	846.586	361	2.345		
	總數	900.744	364			

表4.29多重比較結果顯示：①在結構高原上，國有企業與民營企業均值差異不顯著；國有企業與外資企業均值差異顯著，均值差為1.009,49；國有企業與合資企業均值差異顯著，均值差為1.188,61；民營企業與外資企業均值差異顯著，均值差為0.805,77；民營企業與合資企業均值差異顯著，均值差為0.984,89；外資企業與合資企業均值差異不顯著。這說明國有企業和民營企業人力資源管理者的結構高原程度高於外資企業和合資企業。②在內容高原上，國有企業與民營企業、外資企業的均值差異均不顯著；國有企業與合資企業均值差異顯著，均值差為0.623,34；民營企業與外資企業、合資企業均值差異均不顯著；外資企業與合資企業均值差異也不顯著。③在動機高原上，國有企業與民營企業均值差異顯著，均值差為0.691,39；國有企業與外資企業均值差異顯著，均值差為0.853,41；國有企業與合資企業均值差異顯著，均值差為1.197,92；民營企業與外資企業、合資企業的均值差異均不顯著；外資企業與合資企業的均值差異也不顯著。這說明國有企業人力資源管理者的動機高原程度高於其他三種類型企業中的人力資源管理者。

表4.29 企業性質對人力資源管理者職業高原各維度因子影響差異的多重比較

	方差齊性檢驗(Sig.)	多重比較方法	(I)職位分組	(J)職位分組	均值差(I-J)	顯著性
結構高原	0.244>0.05	LSD	國有企業	民營企業 外資企業 合資企業	0.203,72 1.009,49* 1.188,61*	0.276 0.000 0.000
			民營企業	國有企業 外資企業 合資企業	-0.203,72 0.805,77* 0.984,89*	0.276 0.000 0.000
			外資企業	國有企業 民營企業 合資企業	-1.009,49* -0.805,77* 0.179,12	0.000 0.000 0.427
			合資企業	國有企業 民營企業 外資企業	-1.188,61* -0.984,89 -0.179,12	0.000 0.000 0.427

表4.29(續)

方差齊性檢驗(Sig.)	多重比較方法	(I) 職位分組	(J) 職位分組	均值差(I-J)	顯著性
內容高原	0.000<0.05	Tamhane's T2	國有企業	民營企業 外資企業 合資企業	0.148,65 0.416,84 0.623,34*	0.950 0.109 0.015
			民營企業	國有企業 外資企業 合資企業	−0.148,65 0.268,19 0.474,69	0.950 0.395 0.060
			外資企業	國有企業 民營企業 合資企業	−0.416,84 −0.268,19 0.206,50	0.109 0.395 0.841
			合資企業	國有企業 民營企業 外資企業	−0.623,34* −0.474,69 −0.206,50	0.015 0.060 0.841
動機高原	0.000<0.05	Tamhane's T2	國有企業	民營企業 外資企業 合資企業	0.691,39* 0.853,41* 1.197,92*	0.025 0.002 0.000
			民營企業	國有企業 外資企業 合資企業	−0.691,39* 0.162,02 0.506,53	0.025 0.949 0.191
			外資企業	國有企業 民營企業 合資企業	−0.853,41* −0.162,02 0.344,51	0.002 0.949 0.578
			合資企業	國有企業 民營企業 外資企業	−1.197,92* −0.506,53 −0.344,51	0.000 0.191 0.578

註：＊表示均值差的顯著性水平為 0.05。

4.4 研究結果分析和本章小結

4.4.1 研究假設檢驗結果

檢驗結果顯示，人口學變量對企業人力資源管理者職業高原整體上的影響差異與對各構成維度上的影響差異不存在一致性，且各構成維度之間的影響差異也不存在一致性。研究假設的檢驗結果匯總如表 4.30 所示。

表 4.30　　　　　　　　研究假設的檢驗結果匯總

標號		檢驗結果
H2		年齡、工作年限、任職年限、學歷、職位、企業性質對企業人力資源管理者職業高原整體狀態的影響存在顯著差異；不支持性別、婚姻
H3	H3a	年齡、工作年限、任職年限、學歷、職位、企業性質對結構高原的影響存在顯著差異；不支持性別、婚姻
	H3b	任職年限、學歷、職位、企業性質對內容高原的影響存在顯著差異；不支持性別、年齡、工作年限、婚姻
	H3c	年齡、工作年限、任職年限、婚姻、學歷、職位對中心化高原的影響存在顯著差異；不支持性別、企業性質
	H3d	年齡、工作年限、任職年限、婚姻、學歷、職位、企業性質對動機高原的影響存在顯著差異；不支持性別

4.4.2　實證結果分析

這一節將就性別、年齡、工作年限、任職年限、婚姻、學歷、職位和所在企業性質等人口學變量對企業人力資源管理者職業高原整體及其構成維度產生的影響差異的實證研究結果及其原因進行進一步的分析探討。

4.4.2.1　職業高原及其構成維度的性別差異實證結果分析

實證結果發現，企業人力資源管理者職業高原整體不存在顯著的性別差異。這一研究結果與中國學者白光林、謝寶國和林長華的研究結果一致。這說明儘管也有研究證明性別會對職業高原造成影響，但根據本研究的實證分析結果，企業人力資源管理者並未因為性別差異而在職業高原知覺上有所區別。這也說明對於人力資源管理崗位來說，性別的差異不會對職業的發展和晉升產生差別影響。同時，在職業高原的四個構成維度上也不存在顯著的性別差異。儘管在現實中，人們通常認為男員工可能會比女員工更多地關注自己事業的發展和成功，從而對是否處於職業高原更為敏感，但是從實證研究的結果來看，無論是在職位變動上、工作內容上、中心化發展上，還是動機方面，男性和女性人力資源管理者都沒有明顯的職業高原體會差異。可能的原因是，隨著社會的發展，社會共同職業價值觀的建立，不同性別的員工在職業追求上不再具有顯著區別，越來越激烈的職場競爭，使男女之間的性別差異越來越被忽略，而企業也不會對員工產生性別方面的歧視。

4.4.2.2　職業高原及其構成維度的年齡差異實證結果分析

在實證研究中，將人力資源管理者的年齡分組重新劃分為 18~25 歲、26~

30 歲和 31 歲以上三組。實證研究結果顯示，31 歲以上的人力資源管理者的職業高原要明顯高於 25~30 歲的人力資源管理者的職業高原。這說明年齡對職業高原會產生顯著影響。在過去的職業高原研究中，通常會將年齡作為判斷人力資源管理者是否處於職業高原的一個標準，這一結論說明這一判斷標準具有一定的科學性。從年齡對職業高原構成維度的影響來看，除了在內容高原上不同年齡段的人力資源管理者不存在顯著差異外，結構高原、中心化高原和動機高原也會因人力資源管理者年齡的不同而異。其中，31 歲以上的人力資源管理者的結構高原明顯高於 18~25 歲和 26~30 歲年齡的人力資源管理者的結構高原；18~25 歲年齡組的人力資源管理者的中心化高原要高於 26~30 歲和 31 歲以上的人力資源管理者的中心化高原；18~25 歲、26~30 歲、31 歲以上年齡的人力資源管理者的動機高原逐級遞增。這一結果說明，隨著年齡的提高，人力資源管理者越能體會到在職位升遷上的停滯。原因可能是在職業生涯發展的早期，企業的結構設計為年輕的人力資源管理者提供了職位發展的空間，但隨著年齡的增長，向上的職位晉升及職位變動渠道是有限的，人力資源管理者對結構高原的感受就隨之增強。對於中心化高原，企業管理者或高層在面臨重要決策時，往往會徵詢資深員工的意見，因此相對低年齡組的人力資源管理者越可能體會到自己的工作離企業核心的差距，並感受到向核心發展的阻力，因為年輕而難以被組織委以重任。對於動機高原，人力資源管理者則是由於年齡的增加，對職業發展的主觀能動性有所下降。總體來看，年齡越大，人力資源管理者的職業高原知覺越強烈。

4.4.2.3 職業高原及其構成維度的工作年限差異實證結果分析

實證分析中將人力資源管理者工作年限重新劃分為 4 年以下、5~10 年和 11 年以上三組。在這三組工作年限上人力資源管理者職業高原的整體知覺逐級上升。從工作年限對職業高原構成維度的影響看，除了對內容高原的影響不具備顯著差異外，工作年限對結構高原、中心化高原和動機高原的影響均存在顯著差異。其中，工作 4 年以下的人力資源管理者的結構高原要低於工作 11 年以上的人力資源管理者的結構高原；工作 4 年以下的人力資源管理者的中心化高原要高於工作 5~10 年和 10 年以上的人力資源管理者的中心化高原；工作 4 年以下的人力資源管理者的動機高原要低於工作 5~10 年和 10 年以上的人力資源管理者的動機高原；工作 5~10 年的人力資源管理者的動機高原也低於工作 11 年以上的人力資源管理者的動機高原。這一結果說明，隨著工作年限的增加，人力資源管理者會越來越體會到職位提升的困難。這可能是因為如果人力資源管理者過長時間處於一個工作崗位，企業可能認為這樣的員工不具備

晉升的潛力，他發生職位晉升甚至變動的可能性越低。但工作年限低的人力資源管理者相對於工作年限高的人力資源管理者更加會體會到接近組織核心的困難，這也說明隨著工作年限的增加（期間也可能會伴隨職位的提升），人力資源管理者有可能向組織核心方向發展。這是因為企業在進行重要決策時，還是會以工作經驗為評價標準來選擇參與企業重要決策、制訂計劃的人員。同時，隨著工作年限的增加，人力資源管理者的動機高原逐漸上升，職業發展的主動性有所下降，工作年限長的員工由於對目前崗位或職業的熟悉而產生倦怠感，他們的職業發展抱負、對職業發展的信心很可能比初入職場的員工低。

4.4.2.4 職業高原及其構成維度的任職年限差異實證結果分析

實證分析中將人力資源管理者的任現職年限重新劃分為 3 年以下、3~5 年、5 年以上三組。其中，5 年以上任現職年限的人力資源管理者的整體職業高原知覺要高於 3~5 年任現職年限的人力資源管理者的職業高原知覺。從任職年限對人力資源管理者職業高原各構成維度的影響來看，任職 3 年以下和 3~5 年的人力資源管理者的結構高原要低於任職 5 年以上的人力資源管理者的結構高原；任職 3 年以下的人力資源管理者的內容高原要高於任職 3~5 年的人力資源管理者的內容高原，而任職 3~5 年的人力資源管理者的內容高原要低於任職 5 年以上的人力資源管理者的內容高原；任職 3 年以下的人力資源管理者的中心化高原要高於任職 3~5 年和 5 年以上的人力資源管理者的中心化高原；任職 3 年以下和 3~5 年的人力資源管理者的動機高原要低於任職 5 年以上的人力資源管理者的動機高原。這說明隨著任職年限的增加，人力資源管理者會感受到職業晉升的困難。初涉人力資源管理崗位和在人力資源崗位工作年限較長者都能夠體會到在工作中擴充知識和技能的困難。這可能是由於對在人力資源崗位工作年限較低的員工來說，經過短期學習到新的工作內容和知識後會體會到進一步提高能力的困難，而在超過了一定工作年限後發現如果想要進一步提升自己的技能和經驗也會遭遇一定困難。任職 3 年以下的人力資源管理者會體會到向組織核心層移動的困難，說明對於企業的人力資源管理者來說，其工作的重要性還是會受到組織的忽視，初涉職場者因為經驗、能力的匱乏受到組織忽視。隨著任職年限的增加，人力資源管理者的職業發展主動性也會降低。

4.4.2.5 職業高原及其構成維度的婚姻差異實證結果分析

人力資源管理者的職業高原整體在婚姻上不存在顯著差異。從婚姻對職業高原構成維度的影響來看，婚姻狀態對結構高原和內容高原的影響不存在顯著差異，但對中心化高原和動機高原的影響存在顯著差異。未婚人士的中心化高

原要高於已婚人士的中心化高原；未婚人士的動機高原要低於已婚人士的動機高原。這說明可能組織在挑選委以重任的人員時更傾向於看起來更具責任感的已婚人士；而已婚人士可能由於對家庭和自身生活的關注反而會在職業發展的主動性上有所下降。

4.4.2.6　職業高原及其構成維度的學歷差異實證結果分析

按照實證分析結果，人力資源管理者的職業高原整體隨著學歷的增高而逐漸降低。從學歷對職業高原構成維度的影響差異來看，專科及以下學歷的人力資源管理者的結構高原要高於大學本科和碩士及以上學歷的人力資源管理者的結構高原；而本科學歷的人力資源管理者的職業高原要高於碩士及以上學歷的人力資源管理者的職業高原；專科及以下學歷的人力資源管理者的內容高原要高於大學本科學歷的人力資源管理者的內容高原；專科及以下學歷的人力資源管理者的中心化高原要高於大學本科學歷的人力資源管理者的中心化高原，同時，大學本科學歷人力資源管理者的中心化高原低於碩士及以上學歷的人力資源管理者的中心化高原；專科及以下學歷的人力資源管理者的動機高原高於碩士及以上學歷的人力資源管理者的動機高原。這說明雖然學歷並不一定代表能力，但在能力水平相當時，企業在職位晉升上就會將學歷作為參考標準，將職位晉升的機會給予相對高學歷的員工，致使相對低學歷的員工體會到職位晉升的困難，同樣，學歷越低越難以被組織委以重任；而學歷相對較低的人力資源管理者由於自身學歷低的原因，可能會對職業發展產生悲觀失望的情緒，所以主觀進行職業發展的意願也會降低。

4.4.2.7　職業高原及其構成維度的職位差異實證結果分析

按照實證分析結果，普通職位的人力資源管理者的職業高原要高於基層經理、中層經理和高層經理的職業高原；基層經理的職業高原要高於中層經理和高層經理的職業高原；中層經理和高層經理的職業高原無顯著差異。從職位對職業高原各構成維度的影響差異看，隨著職位的上升，人力資源管理者的結構高原逐漸降低；普通職位、基層經理和中層經理的內容高原也逐漸降低；隨著職位的上升，中心化高原也逐漸降低；普通職位人力資源管理者的動機高原高於中層經理的動機高原；基層經理的動機高原高於中層經理和高層經理的動機高原。這說明職位越低的人力資源管理者反而越感受到職位晉升的困難，這可能是由於企業對人力資源管理者職位晉升渠道設計狹隘造成的。而職位越低的人力資源管理者，越覺得人力資源管理的工作內容範圍的局限，越難以向組織核心方向發展，可能的原因是基礎的人力資源管理工作內容本身是相對枯燥而乏味的，從事務性的行政人事工作中學習如何成為企業的戰略合作夥伴是具有

一定困難的，職位越高越被組織委以重任——這跟企業管理的實際情況相吻合。難以受到重視的普通人力資源管理者的主觀職業發展動機也會隨之下降。

4.4.2.8 職業高原及其構成維度的企業性質差異實證結果分析

按照實證分析結果，國有企業人力資源管理者職業高原與民營企業人力資源管理者的職業高原整體無顯著差異，但國有企業和民營企業人力資源管理者的職業高原要高於外資企業和合資企業人力資源管理者的職業高原；合資企業和外資企業人力資源管理者的職業高原整體知覺無顯著差異。從企業性質對職業高原各構成維度的影響差異來看，國有企業和民營企業中人力資源管理者的結構高原要高於外資企業和合資企業中人力資源管理者的結構高原；國有企業人力資源管理者的內容高原要高於合資企業中的人力資源管理者的內容高原；國有企業人力資源管理者的動機高原要高於民營企業、外資企業和合資企業中的人力資源管理者的動機高原；不同企業性質人力資源管理者的中心化高原無顯著差異。因此，從整體來看，國有企業和民營企業中的人力資源管理者較多地體會到職位晉升的困難和工作內容的乏味，因此也相對缺乏職業發展的主觀能動性。原因可能是國有企業在人力資源管理方面仍然具有行政單位的某些特徵，在人員的晉升方面不像外企和合資企業那樣更具有靈活性和為員工提供更多的機會，因此員工更容易感受到工作的乏味，以及在職業發展方面缺乏積極主動性。而民營企業的員工管理水平也有待於進一步的提高。外企和合資企業由於在管理上相對先進，更能夠為員工提供合理的晉升渠道。

4.5 本章小結

本章根據大樣本實證研究的數據，分析了人口學變量與職業高原各維度之間的關係。首先根據文獻分析和理論研究，提出了人口學變量與職業高原各維度之間存在的假設關係，然后根據問卷調查資料對數據進行統計分析，對提出的研究假設進行檢驗。本章得出了以下結論：

（1）企業人力資源管理者職業高原總體上處於中等程度水平。在職業高原的四個構成維度上，結構高原的得分均值最高，說明企業人力資源管理者對結構高原的感知最強烈；其次是中心化高原、動機高原；內容高原的得分均值最低，即人力資源管理者對內容高原的感知最輕。

（2）企業人力資源管理者的整體職業高原和職業高原各構成維度在性別上均不存在顯著差異，說明性別對人力資源管理者的職業高原不構成顯著

影響。

（3）企業人力資源管理者職業高原總體上存在顯著的年齡差異，除了對內容高原的影響不具備顯著差異外，工作年限對結構高原、中心化高原和動機高原的影響均存在顯著差異。

（4）企業人力資源管理者職業高原總體上存在顯著的工作年限差異，除了對內容高原的影響不具備顯著差異外，工作年限對結構高原、中心化高原和動機高原的影響均存在顯著差異。

（5）企業人力資源管理者職業高原總體在任職年限上存在顯著差異，同時在結構高原、內容高原、中心化高原和動機高原四個構成維度上也存在顯著的任職年限差異。

（6）人力資源管理者的職業高原整體在婚姻上不存在顯著差異，同時婚姻狀態對結構高原和內容高原的影響不存在顯著差異，但對中心化高原和動機高原的影響存在顯著差異。

（7）人力資源管理者的職業高原整體在學歷上存在顯著差異，同時學歷對結構高原、內容高原、中心化高原和動機高原的影響也存在顯著差異。

（8）企業人力資源管理者職業高原總體在職位上存在顯著差異，同時在結構高原、內容高原、中心化高原和動機高原四個構成維度上也存在顯著的職位差異。

（9）企業人力資源管理者職業高原總體在企業性質上存在顯著差異，同時除了中心化高原，不同企業性質的人力資源管理者在結構高原、內容高原和動機高原上存在顯著差異。

5 組織支持感對職業高原和工作滿意度、離職傾向之間關係的影響

5.1 研究目的、研究假設與研究方法

5.1.1 研究目的

從大量職業高原和其他變量之間的關係的研究成果來看，員工是否經歷職業高原會對其情緒產生影響，進而會影響到員工的工作滿意度、工作表現（如出勤率、工作倦怠、工作投入）、工作績效、職業壓力、離職傾向和組織承諾等。但對於職業高原究竟會對員工帶來正面的影響還是負面的影響，研究結果並不具有一致性。企業人力資源管理者肩負一般行政員工和管理者的雙重職責，他們是否面臨職業高原對人力資源管理者個人的工作以及整個組織人力資源管理工作的進行、企業的員工管理都具有重要的影響。

5.1.1.1 企業人力資源管理者職業高原與工作滿意度的關係分析

對工作滿意度一般性的解釋是：工作滿意度是一個單一的概念，是員工對工作本身及有關環境所持的一種態度或看法，是員工對其工作角色的整體情感反應，不涉及工作滿意度的面向、形成的原因與過程。在眾多結果變量的研究中，工作滿意度是組織行為學研究當中所關注的最重要的組織效果變量之一，因為管理者普遍認為滿意的員工比不滿意的員工的生產率高。因此，在職業高原的研究領域當中，研究者一直在試圖探究職業高原與工作滿意度之間的關係。相比較其他結果變量而言，職業高原與工作滿意度之間的關係研究受到了更多關注。但遺憾的是，這方面的研究並沒有得到一個一致的結論。

通過搜索中國知網數據庫發現，鮮有研究關注企業人力資源管理者的工作滿意度。中國研究者謝宣正在其博士論文《企業人力資源管理人員薪酬滿意度研究》中探討了企業人力資源管理者薪酬滿意度的構成、狀況，並對薪酬滿意度與組織公平、積極-消極情感和工作績效的關係進行了理論和實證研究。① 研究發現企業人力資源管理者的薪酬滿意度不高，企業人力資源管理者對非經濟報酬和管理滿意度相對較低，組織公平感不強，但是企業人力資源管理者具有較高的積極情感（這點與人力資源管理者具有較高的個人素質和較強的成就動機相適應）。雖然薪酬滿意度只是工作滿意度的一個組成部分，但是從該研究中也能看出目前企業人力資源管理者的工作滿意度的大致狀況。

在第 2 章文獻回顧中已經發現關於職業高原和工作滿意度之間的關係研究一直存在爭議。本書分析認為這些研究存在的差異主要是由兩方面原因造成的：一是測量方法的差異；二是在職業高原和工作滿意度的關係之間可能存在其他因素作用於兩者的關係。鑒於研究已證明職業高原對員工的工作滿意度具有影響，本研究假設企業人力資源管理者的職業高原程度會影響人力資源管理者的工作滿意度，並假設企業人力資源管理者的職業高原會對其工作滿意度帶來負面影響，及職業高原會對人力資源管理者的內部工作滿意度和外部工作滿意度均產生負面影響。

5.1.1.2　企業人力資源管理者職業高原與離職傾向的關係分析

離職傾向是指個體在一定時期內變換其工作的可能性。一般而言，員工的被動離職有利於企業的發展，而主動離職往往不利於企業的經營發展。雇員主動離職會導致員工士氣低落，造成人力資本投資的損失，所以主動離職經常成為治理實踐者和理論研究者關注的焦點。鑒於離職對於雇員的生活、家庭和職業生涯等都有非常重大的影響，雇員一般都會仔細考慮之後才會選擇主動離職，所以雇員在正式離職之前都會或多或少地顯露出離職傾向。職業高原除了會對工作滿意度產生影響外，也會對員工的離職傾向產生影響。通常狀況下，如果員工對自身發展感到迷茫，對工作環境的滿意度也會發生變化。英才網的《2008 中國 HR 職場狀態調查報告》顯示，HR 普遍對自己的狀態評價中庸。51%的被訪者對自身發展的滿意程度感覺一般，49%的被訪者對薪金狀況感覺僅僅是過得去，再考慮到部分不滿意的人群，近三分之二的 HR 管理人員對現狀不是很滿意，可能會採取行動，進行改變。而最可能產生的行為后果就是跳

---

① 謝宣正.企業人力資源管理人員薪酬滿意度研究 [D].廣州：暨南大學博士學位論文，2009.

槽。同一調查結果顯示，有離職傾向的 HR 中，有一半跳槽的原因是因為公司前景不好；另一半 HR 跳槽的原因是對工作沒激情。根據對職業高原的解釋，他們對工作沒有激情的一個解釋就是工作內容的一成不變以及難以學習到新的技能知識，看不到發展的前途。因此，職業高原現象產生的另一個結果就是會影響企業人力資源管理者的離職傾向。本書認為職業高原會加重人力資源管理者的離職傾向，即職業高原會對企業人力資源管理者的離職傾向產生負面影響。

5.1.1.3 職業高原對人力資源管理者工作滿意度、離職傾向影響的仲介機制分析

1. 企業人力資源管理者的組織支持感分析

社會心理學家 Eisenberger 認為，組織支持感是指員工對組織如何看待他們的貢獻並關心他們的利益的一種總體知覺和信念，簡言之，就是員工所感受到的來自組織方面的支持。這一概念有兩個核心要素：一是員工對組織是否重視其貢獻的感受；二是員工對組織是否關注其福利的感受。當員工對組織方面的支持產生積極的認知體驗時，他們對組織本身也會產生比較正向的看法和信念。這種正向的信念會使員工在自己的貢獻與組織的支持之間比較容易找到平衡點，進而提高對組織的各種制度和政策的滿意程度。並且作為對組織的回報，員工也會提升自己對組織的承諾和忠誠度，並且會提高自己工作的努力程度。相反，如果員工感到組織輕視自己的貢獻和福利，員工對組織責任的認知會相應減少。因此，員工會減少對組織的情感性承諾和降低工作表現，甚至產生離職的意願和行為。人力資源管理工作本身的性質決定了其工作需要與企業當中的其他部門有更多的溝通和協調關係，同時，作為人力資源管理的內部工作團隊，其相互之間的溝通和影響也對企業人力資源管理能力的發揮起到重要作用。所以，人力資源管理者的工作甚至職業發展會受到部門領導支持以及組織支持的影響。組織、主管支持對人力資源管理者的職業高原和結果變量之間的關係起到了重要作用。

Ettington 的研究證明主管支持對高原期員工的工作表現具有影響作用。[1] 主管支持是員工的直接上司對其工作和生活的關心的支持程度。對企業人力資源管理者來說，組織支持不僅表現在組織對人力資源管理者作為一個普通員工的工作和生活各方面的關心，也間接體現出組織對企業人力資源管理工作本身

---

[1] ETTINGTON D R. Successful career plateauing [J]. Journal of Vocational Behavior, 1998 (52)：72-88.

的重視程度。組織支持可以體現在企業對員工福利的關心，對個人目標、價值實現的關心，對所做貢獻的重視，對提出的意見觀點的重視，以及當員工需要幫助時，企業是否願意提供幫助等方面。[1] 而主管支持則體現在上司對員工在以上幾點的關注程度上面。戴利娟在碩士論文中將組織支持感分為工作支持、利益關心和價值認同三個維度，發現組織支持感知在職業高原與工作滿意度之間的仲介作用明顯，組織支持感是弱化職業高原的重要因素。[2] 本研究採用較為廣義的組織支持感概念，因為廣義的組織支持感已包括上級支持（主管支持），所以不再對主管支持進行專門的研究。

本研究認為企業人力資源管理者組織支持感包括四個維度：情感性組織支持、工具性組織支持、主管支持和同事支持。其中情感性組織支持指企業對人力資源管理者的福利、個人目標和價值觀、個人發展、個人情感的幫助和關心程度。工具性組織支持是指企業對人力資源管理者的正常工作開展提供環境設備支持以及人員、信息、技能支持的程度。主管支持指人力資源管理者的直接領導對其工作的關心和幫助程度。同事支持指人力資源管理者的工作同事對其工作的關心和幫助程度。

2. 企業人力資源管理者職業高原與組織支持感的關係分析

在職業高原研究領域缺乏對組織支持感和職業高原的關係進行直接探討的研究。有學者認為組織支持感是影響職業高原的前因變量，但通過第 2 章的文獻分析可以看出，影響職業高原的因素包括個人因素（個人年齡、工作年限和個人特徵等因素）、組織因素和社會因素。但是，處於職業高原的員工會因為感受到的組織支持感的多少而影響到工作滿意度和離職傾向。對於企業人力資源管理者來說，組織支持感的存在不僅會對人力資源管理者自身的工作滿意有所影響，也會幫助人力資源管理者更好地處理在企業中的工作以及與同事的關係。

根據 Ference 等人的研究，處於職業高原的員工無論其工作績效高低都會在某種程度上受到組織的忽視，組織似乎更加關注那些新進者和明星員工。因此，處於職業高原的人力資源管理者所得到的組織支持可能會變少。本書關於職業高原與組織支持的一個假設是職業高原與組織支持感呈顯著負相關關係。

---

[1] 周明建. 組織、主管支持，員工情感承諾與工作產出——基於員工「利益交換觀」與「利益共同體觀」的比較研究 [D]. 杭州：浙江大學博士學位論文，2005.

[2] 戴利娟. 職業高原與工作滿意度的關係研究 [D]. 南京：南京師範大學碩士學位論文，2011.

3. 企業人力資源管理者組織支持感與工作滿意度的關係分析

根據共同利益理論，組織支持感能夠使員工產生關心組織利益的義務感，從而增強員工對組織的歸屬性以及組織承諾。Eisenberger 年研究發現組織支持感與工作滿意度之間的相關係數為 0.6。[①] Wayne 等人的研究也證實組織支持感會對工作滿意度產生影響。[②] 因此，有理由相信對企業人力資源管理者來說，組織支持感對他們的工作滿意度也會產生影響，並且這種影響極有可能是正向的。

4. 企業人力資源管理者組織支持感與離職傾向的關係分析

一般來說，員工離職行為可以根據員工個人的心理意願分為自願離職和非自願離職兩類。員工自願離職指的是員工個人決定終止雇傭關係，非自願離職指的是雇主決定終止雇傭關係。離職傾向是指員工自願離開現工作單位的內在心理傾向。離職傾向可能是一種迫切需要滿足的強烈願望，也可能是一種正在醞釀的相對較弱的意念。從員工個體的角度來看，決定員工的自願離職有兩個主要因素：當前工作的吸引力與替代工作的可獲得性。

根據社會交換理論，組織支持感會使員工產生支持組織目標的責任感，因此，較高的組織支持感會降低離職傾向。而根據互惠原則，人們往往傾向於認為自己有義務去幫助那些曾經幫助過自己的人。將這種原則運用於組織管理，意味著對於組織而言，如果組織能夠給予員工情感、工具上的支持，以及主管和同事能夠給予關心和幫助，員工也同樣有義務回報組織給予自己的利益和機會。而員工報答組織最直接的方式就是持續參與，這也就意味著員工將會有較低的離職傾向。即組織支持感可能會對離職傾向產生負面影響，較高的組織支持感意味著較低的離職傾向。

根據以上分析可以看出，人力資源管理者的職業高原、組織支持感、工作滿意度和離職傾向四者之間可能存在一定的影響關係。同時，組織支持感在職業高原和工作滿意度之間可能會發揮中間作用，而組織支持感在職業高原和離職傾向之間也可能發揮某種中間作用。

因此這一章的研究目的主要是根據前人研究結論，以及企業人力資源管理者真實的職業、工作狀態，對企業人力資源管理者的組織支持感、工作滿意度

[①] EISENBERGER R, CUMMINGS J, ARMELI S, et al. Perceived organizational support, discretionary treatment and job satisfaction [J]. Journal of Applied Psychology, 1997 (82): 812-820.

[②] WAYNE A, CHARLES K, PAMELA L, et al. Perceived organizational support as a mediator of the relationship between politics perceptions and work outcomes [J]. Journal of Vocational Behavior, 2003 (63): 438-456.

和離職傾向，以及這三個變量與職業高原之間、三個變量之間的關係進行理論分析，並進一步通過實證檢驗來探討企業人力資源管理者的職業高原、組織支持感、工作滿意度和離職傾向之間的關係，構建職業高原對工作滿意度和離職傾向的迴歸模型，並探討組織支持感在職業高原和工作滿意度、職業高原與離職傾向的關係之中起到的仲介作用。

5.1.2　研究假設

根據本章的研究目的，本章的研究假設包括：

1. 職業高原與工作滿意度之間的關係分析

假設1（H_4）：不同職業高原維度水平企業人力資源管理者的工作滿意度存在顯著差異。本假設包括五個子假設：

H_{4a}：不同結構高原水平人力資源管理者的工作滿意度存在顯著差異。

H_{4b}：不同內容高原水平人力資源管理者的工作滿意度存在顯著差異。

H_{4c}：不同中心化高原水平人力資源管理者的工作滿意度存在顯著差異。

H_{4d}：不同動機高原水平人力資源管理者的工作滿意度存在顯著差異。

H_{4e}：不同職業高原水平人力資源管理者的工作滿意度存在顯著差異。

假設2（H_5）：職業高原與工作滿意度之間負相關。本假設包括三個子假設：

H_{5a}：職業高原與工作滿意度整體負相關。

H_{5b}：職業高原與內部工作滿意度負相關。

H_{5c}：職業高原與外部工作滿意度負相關。

2. 職業高原與離職傾向之間的關係分析

假設3（H_6）：不同職業高原維度水平企業人力資源管理者的離職傾向存在顯著差異。本假設包括五個子假設：

H_{6a}：不同結構高原水平人力資源管理者的離職傾向存在顯著差異。

H_{6b}：不同內容高原水平人力資源管理者的離職傾向存在顯著差異。

H_{6c}：不同中心化高原水平人力資源管理者的離職傾向存在顯著差異。

H_{6d}：不同動機高原水平人力資源管理者的離職傾向存在顯著差異。

H_{6e}：不同職業高原水平人力資源管理者的離職傾向存在顯著差異。

假設4（H_7）：職業高原與離職傾向之間正相關。

3. 組織支持感與工作滿意度之間的關係分析

假設5（H_8）：組織支持感與工作滿意度之間正相關。

4. 組織支持感與離職傾向之間的關係

假設6（H_9）：組織支持感與離職傾向之間負相關。

5. 組織支持感在職業高原、工作滿意度和離職傾向之間的仲介作用分析

假設 7（H_{10}）：組織支持感在職業高原和工作滿意度之間起到仲介作用。本假設包括三個子假設：

H_{10a}：組織支持感在職業高原和工作滿意度的關係之間起到仲介作用。

H_{10b}：組織支持感在職業高原和內部工作滿意度的關係之間起到仲介作用。

H_{10b}：組織支持感在職業高原和外部工作滿意度的關係之間起到仲介作用。

假設 8（H_{11}）：組織支持感在職業高原和離職傾向的關係之間起到仲介作用。

5.1.3　研究工具與研究方法

本研究所採用的職業高原問卷是第 3 章大樣本調查中的職業高原問卷。工作滿意度、組織支持感和離職傾向問卷採用文獻分析方法選取已有的信度和效度較好的問卷，並經過預調研進行重新的因子分析，整理修改好後用於大樣本調查。本章採用的統計方法包括因子分析法、皮爾遜相關性分析法、分層多元迴歸分析法，使用的統計工具是 Spss17.0。

5.2　工作滿意度、組織支持感和離職傾向量表的預調研檢驗

5.2.1　工作滿意度量表的預調研檢驗

本書將工作滿意度分為內在滿意度、外在滿意度和整體滿意度（工作滿意度），測量量表的選擇參照明尼蘇達滿意度問卷（MSQ）短式量表，並根據研究的需要和實際情況進行了修改。量表包括內在滿意度、外在滿意度 2 個維度，共 20 個操作變量（題項），其中內在滿意度 12 個題項，外在滿意度 8 個題項，如表 5.1 所示。採用 Likert6 點計分法對項目進行反應。其中，「非常不滿意」得分為 1，「比較不滿意」得分為 2，「有點不滿意」得分為 3，「有點滿意」得分為 4，「比較滿意」得分為 5，「非常滿意」得分為 6。得分越高代表被試者的工作滿意度越高。通過總量表衡量企業人力資源管理者的工作滿意度。預調研選用第 3 章中對企業人力資源管理者職業高原量表進行預調研檢驗的樣本，樣本數量為 200。

表 5.1 工作滿意度量表包含項目

測試項目	具體條目
內在滿意度	NMY 1　有獨立工作的機會 NMY 2　在工作中有自己做出判斷的自由 NMY 3　可以按自己的方式、方法完成工作 NMY 4　時常有做不同事情的機會 NMY 5　在工作中，有充分發揮我能力的機會 NMY 6　在工作中，有為他人做事的機會 NMY 7　能從工作中獲得成就感 NMY 8　有成為團隊中重要人物的機會 NMY 9　總能保持一種忙碌的狀態 NMY 10　在工作中，有告訴其他人做些什麼事情的機會 NMY 11　這個工作能讓我做不違背良心的事情 NMY 12　目前的工作可以給我帶來一種穩定的雇傭關係
外在滿意度	WMY 1　目前的公司能提供職位晉升機會 WMY 2　工作表現出色時，所獲得的獎勵 WMY 3　在工作中，老板對待他下屬的方式 WMY 4　上級有很好的決策勝任能力 WMY 5　公司政策實施方式 WMY 6　公司提供的報酬和分配的工作量 WMY7　在工作中，同事之間的相處方式 WMY8　公司提供的工作條件

5.2.1.1 量表項目分析

首先選用決斷值——臨界比對工作滿意度量表進行檢驗，檢驗標準是根據測驗總分或分量表總分區分高分組和低分組被測者，採用獨立樣本 t 檢驗方法求出 CR 值並進行判斷。如果項目的 CR 值達到顯著性水平，即 $P<0.05$，表明這個項目能夠鑑別不同被試的反應程度。對未達到顯著性程度的項目可以優先考慮進行剔除。企業人力資源管理者工作滿意度決斷值如表 5.2 所示。

表 5.2　企業人力資源管理者工作滿意度決斷值表

項目編號	決斷值（CR）	項目編號	決斷值（CR）	項目編號	決斷值（CR）
NMY1	7.341（ *** ）	NMY8	10.448（ *** ）	WMY3	11.511（ *** ）
NMY2	9.301（ *** ）	NMY9	8.910（ *** ）	WMY4	10.786（ *** ）
NMY3	7.615（ *** ）	NMY10	8.789（ *** ）	WMY5	12.344（ *** ）
NMY4	9.807（ *** ）	NMY11	7.025（ *** ）	WMY6	11.297（ *** ）

表5.2(續)

項目編號	決斷值(CR)	項目編號	決斷值(CR)	項目編號	決斷值(CR)
NMY5	12.386(***)	NMY12	7.446(***)	MY1	6.393(***)
NMY6	8.453(***)	WMY1	12.230(***)	MY2	9.901(***)
NMY7	10.028(***)	WMY2	11.001(***)		

註：* 表示 P<0.05，** 表示 P<0.01，*** 表示 P<0.001。

通過決斷值檢驗結果判斷工作滿意度量表區分效度良好，同時通過 Pearson 相關係數檢驗發現，企業人力資源管理者工作滿意度量表中的項目與工作滿意度項目總分有較高的相關性，相關的顯著性水平達到 0.01，相關係數為 0.493~0.792，也說明本問卷的項目具有較高的鑑別力。

5.2.1.2 因子分析和效度分析

在因子分析前進行了 KMO 檢驗和 Bartlett 球體檢驗。檢驗結果顯示 KMO 值為 0.920，表明適合進行因子分析，Bartlett 球形檢驗的 X^2 = 2284.891，Sig. = 0.000<0.001，代表母群體的相關矩陣間有共同因子存在，也說明適合做因子分析。工作滿意度 KMO 和 Bartlett 的檢驗結果如表 5.3 所示。

表 5.3　　　　工作滿意度 KMO 和 Bartlett 的檢驗結果

取樣足夠度的 Kaiser-Meyer-Olkin 度量		0.920
Bartlett 的球形度檢驗	近似卡方	2,284.891
	df	190
	Sig.	0.000

對工作滿意度進行因子分析，結果如表5.4所示。通過表5.4中第一次因子分析中的旋轉成分矩陣發現，應歸屬內部滿意度的項目 NMY8、NMY12、NMY11 與外部滿意度項目歸屬到成分1，而項目 WMY7 在兩個成分上的得分均超過 0.4，進行逐步的探索性因子分析，逐步去掉 NMY8、NMY12、NMY11 和 WMY7。

表 5.4　　　　　　工作滿意度量表旋轉成分矩陣

	第一次因子分析		多次探索性因子分析的最終結果		
	1	2		1	2	共同度
WMY2	0.858	0.154	WMY2	0.852	0.165	0.752
WMY6	0.813	0.127	WMY6	0.827	0.146	0.705

表5.4(續)

	第一次因子分析		多次探索性因子分析的最終結果		
	1	2	1	2	共同度
WMY3	0.777	0.221	WMY3	0.800	0.236	0.695
WMY5	0.767	0.285	WMY5	0.782	0.302	0.702
WMY1	0.745	0.292	WMY8	0.740	0.246	0.608
WMY8	0.735	0.242	WMY1	0.731	0.310	0.631
WMY4	0.707	0.289	WMY4	0.704	0.308	0.590
NMY8	0.578	0.472	NMY6	0.115	0.729	0.545
NMY12	0.501	0.228	NMY1	0.052	0.710	0.506
NMY11	0.456	0.259	NMY2	0.297	0.705	0.585
NMY6	0.131	0.721	NMY10	0.210	0.688	0.517
NMY1	0.039	0.710	NMY5	0.481	0.672	0.682
NMY2	0.297	0.699	NMY3	0.199	0.661	0.476
NMY10	0.231	0.684	NMY4	0.347	0.659	0.555
NMY5	0.492	0.661	NMY7	0.448	0.612	0.575
NMY4	0.346	0.655	NMY9	0.351	0.485	0.358
NMY3	0.214	0.653				
NMY7	0.475	0.606				
NMY9	0.369	0.476				
WMY7	0.404	0.409				

註：提取方法為主成分分析法；旋轉法為具有 Kaiser 標準化的正交旋轉法；旋轉在 3 次迭代后收斂。

在提取兩個共同成分后，累積解釋方差的 59.274%，工作滿意度量表效度良好，如表 5.5 所示。

表 5.5　　　　工作滿意度量表解釋的總方差

成分	初始特徵值			提取平方和載入			旋轉平方和載入		
	合計	方差的 %	累積 %	合計	方差的 %	累積 %	合計	方差的 %	累積 %
1	7.677	47.980	47.980	7.677	47.980	47.980	5.100	31.874	31.874
2	1.807	11.293	59.274	1.807	11.293	59.274	4.384	27.400	59.274
...	...	...	...						
16	0.169	1.055	100.000						

註：提取方法為主成分分析法。

5.2.1.3 量表信度分析

通過對工作滿意度量表進行信度分析發現該量表的 Cronbachα 系數達到 0.926，分量表 Cronbach α 系數如表 5.6 所示，量表信度良好。工作滿意度量表由 9 個內部滿意度條目和 7 個外部滿意度條目構成。

表 5.6　　　　企業人力資源管理者工作滿意度量表信度分析

構成因子	項目數	Cronbach α 系數
內部工作滿意度	9	0.879
外部工作滿意度	7	0.917
工作滿意度整體	16	0.926

5.2.2 組織支持感量表的預調研檢驗

本研究檢驗企業人力資源管理者組織支持感的量表選用陳志霞在博士論文《知識員工組織支持感對工作績效和離職傾向的影響》中所設計的四維度組織支持感量表[①]。該量表將組織支持感分為四個維度，包括情感性組織支持、工具性組織支持、主管支持和同事支持，共 16 個項目，具體題項如表 5.7 所示。採用 Likert6 點計分法對項目進行反應。其中，「非常不同意」得分為 1，「比較不同意」得分為 2，「有點不同意」得分為 3，「有點同意」得分為 4，「比較同意」得分為 5，「非常同意」得分為 6。得分越高代表被試者的組織支持感反應越強烈。

表 5.7　　　　　　　　組織支持感項目和描述

測試項目	具體條目
情感性支持	QGZC1 組織關心我的福利 QGZC2 組織尊重我的意見 QGZC3 當我在工作中遇到困難時，組織會幫助我 QGZC4 當我在生活上遇到困難時，組織會盡力幫助我 QGZC5 組織尊重我的目標和價值 QGZC6 組織關心我的個人發展 QGZC7 組織關心我的個人感受

---

① 陳志霞. 知識員工組織支持感對工作績效和離職傾向的影響 [D]. 武漢：華中科技大學博士學位論文，2006.

表5.7(續)

測試項目	具體條目
工具性支持	GJZC1 組織會盡力為我提供良好的工作環境和條件設施 GJZC2 組織會盡力為我提供工作所需的人員和信息支持 GJZC3 組織會盡力為我提供工作所需的培訓或相關支持
主管支持	ZGZC1 我的主管願意傾聽我工作中遇到的問題 ZGZC2 我的主管關心我的福利 ZGZC3 當我遇到困難時，會從我的主管那裡得到幫助
同事支持	TSZC1 我的同事願意傾聽我工作中遇到的問題 TSZC2 我的同事對我的工作幫助很大 TSZC3 當我遇到困難時，同事願意提供幫助

5.2.2.1 組織支持感量表項目分析

首先選用決斷值——臨界比對組織支持感量表進行檢驗，檢驗標準是根據測驗總分或分量表總分區分高分組和低分組被測者，採用獨立樣本 t 檢驗方法求出 CR 值並進行判斷。如果項目的 CR 值達到顯著性水平，即 $P<0.05$，表明這個項目能夠鑑別不同被試的反應程度。對未達到顯著性程度的項目可以優先考慮進行剔除。企業人力資源管理者組織支持感決斷值如表 5.8 所示。

表 5.8　　企業人力資源管理者組織支持感決斷值表

項目編號	決斷值（CR）	項目編號	決斷值（CR）	項目編號	決斷值（CR）
QGZC1	10.454(***)	QGZC7	12.652(***)	ZGZC3	11.076(***)
QGZC2	14.710(***)	GJZC1	11.201(***)	TSZC1	9.950(***)
QGZC3	13.867(***)	GJZC2	12.456(***)	TSZC2	8.960(***)
QGZC4	12.526(***)	GJZC3	13.315(***)	TSZC3	9.687(***)
QGZC5	13.691(***)	ZGZC1	9.172(***)		
QGZC6	14.437(***)	ZGZC2	11.936(***)		

註：* 表示 $P<0.05$，** 表示 $P<0.01$，*** 表示 $P<0.001$。

根據決斷值判斷組織支持感量表區分效度良好，通過 Pearson 相關係數檢驗發現，企業人力資源管理者組織支持感量表中的項目與組織支持感項目總分有較高的相關性，相關的顯著性水平達到 0.01，相關係數在 0.596-0.868 之間，說明本問卷的項目具有較高的鑑別力。

5.2.2.2 因子分析和效度分析

因子分析前進行 KMO 檢驗和 Bartlett 球體檢驗顯示 KMO 值為 0.948，表明

適合進行因子分析，Bartlett 球形檢驗的 $\chi^2 = 3,587.651$，Sig. $= 0.000 < 0.001$，說明適合做因子分析，如表 5.9 所示。因子分析后的旋轉成分矩陣如表 5.10 所示。提取四個主要成分，分別為情感支持、同事支持、工具支持和主管支持。該量表能解釋總方差的 80.461%，量表效度良好，如表 5.11 所示。

表 5.9　　組織支持感量表 KMO 和 Bartlett 的檢驗結果

取樣足夠度的 Kaiser-Meyer-Olkin 度量		0.948
Bartlett 的球形度檢驗	近似卡方	3,587.651
	df	120
	Sig.	0.000

表 5.10　　組織支持感量表旋轉成分矩陣

	成分				共同度
	1	2	3	4	
QGZC4	0.830	0.204	0.121	0.296	0.834
QGZC6	0.728	0.179	0.477	0.253	0.854
QGZC2	0.724	0.214	0.343	0.283	0.768
QGZC5	0.715	0.326	0.401	0.198	0.818
QGZC1	0.700	0.102	0.265	0.306	0.664
QGZC7	0.692	0.150	0.544	0.169	0.827
QGZC3	0.647	0.299	0.142	0.498	0.776
TSZC2	0.146	0.878	0.201	0.155	0.857
TSZC3	0.178	0.877	0.151	0.100	0.834
TSZC1	0.231	0.810	0.128	0.296	0.813
GJZC1	0.358	0.240	0.809	0.188	0.875
GJZC2	0.354	0.219	0.667	0.462	0.831
GJZC3	0.445	0.297	0.530	0.426	0.748
ZGZC1	0.378	0.147	0.255	0.768	0.820
ZGZC3	0.316	0.375	0.229	0.735	0.833
ZGZC2	0.399	0.227	0.468	0.540	0.721

註：提取方法為主成分分析法；旋轉法為具有 Kaiser 標準化的正交旋轉法；旋轉在 6 次迭代后收斂。

表 5.11　　　　　組織支持感量表成分解釋的總方差

成分	初始特徵值			提取平方和載入			旋轉平方和載入		
	合計	方差的 %	累積 %	合計	方差的 %	累積 %	合計	方差的 %	累積 %
1	9.926	62.040	62.040	9.926	62.040	62.040	4.604	28.774	28.774
2	1.592	9.948	71.988	1.592	9.948	71.988	2.952	18.448	47.222
3	0.703	4.395	76.382	0.703	4.395	76.382	2.703	16.896	64.118
4	0.653	4.079	80.461	0.653	4.079	80.461	2.615	16.342	80.461
…	…	…	…						
16	0.130	0.813	100.000						

註：提取方法為主成分分析法。

5.2.2.3　信度分析

採用 Cronbach α 系數對組織支持感量表進行信度分析，量表整體信度為 0.958，信度良好，如表 5.12 所示。

表 5.12　　　企業人力資源管理者組織支持感量表信度分析

構成因子	項目數	Cronbach α 系數
情感性組織支持	7	0.944
工具性支持	3	0.894
主管支持	3	0.864
同事支持	3	0.897
組織支持感（總體）	16	0.958

5.2.3　離職傾向量表的預調研檢驗

人力資源管理者的離職傾向問卷主要參考了黃春生的離職傾向量表[1]等文獻，歸結為三個問題：①我常常想到辭去目前的工作；②我考慮有一天我可能會離開本公司；③我會尋找其他工作機會。採用 Likert6 點計分法對項目進行反應。其中，「非常不同意」得分為 1，「比較不同意」得分為 2，「有點不同意」得分為 3，「有點同意」得分為 4，「比較同意」得分為 5，「非常同意」得分為 6。得分越高代表被試者的離職傾向越高。

---

[1] 黃春生. 工作滿意度、組織承諾與離職傾向相關研究 [D]. 廈門：廈門大學博士學位論文，2004.

5.2.3.1 量表項目分析

首先採用決斷值方法對離職傾向量表進行項目分析，發現量表的區分度良好，再採用相關性分析，發現三個題目與離職傾向總分的相關係數較高，說明三個項目具有較高的鑑別力。企業人力資源管理者離職傾向決斷值如表5.13所示。離職傾向量表項目的相關性如表5.14所示。

表5.13　　　　　　企業人力資源管理者離職傾向決斷值表

項目編號	決斷值（CR）
LZQX1	16.237（***）
LZQX2	18.526（***）
LZQX3	17.038（***）

表5.14　　　　　　離職傾向量表項目的相關性

		LZQX1	LZQX2	LZQX3	離職傾向總分
LZQX1	Pearson 相關性	1	0.705**	0.537**	0.862**
	顯著性(雙側)		0.000	0.000	0.000
	N	200	200	200	200
LZQX2	Pearson 相關性	0.705**	1	0.731**	0.920**
	顯著性(雙側)	0.000		0.000	0.000
	N	200	200	200	200
LZQX3	Pearson 相關性	0.537**	0.731**	1	0.853**
	顯著性(雙側)	0.000	0.000		0.000
	N	200	200	200	200
離職傾向總分	Pearson 相關性	0.862**	0.920**	0.853**	1
	顯著性(雙側)	0.000	0.000	0.000	
	N	200	200	200	200

註：** 表示在0.01水平（雙側）上顯著相關。

5.2.3.2 效度分析

因子分析前進行KMO檢驗和Bartlett球體檢驗顯示KMO值為0.672，適合進行因子分析，Bartlett球形檢驗的$\chi^2 = 286.691$，Sig. $= 0.000 < 0.001$，代表母群體的相關矩陣間有共同因子存在，適合做因子分析。因子分析后可提取一個共同因子，該共同因子能解釋總方差的77.307%，量表效度良好。離職傾向量表的KMO和Bartlett的檢驗結果如表5.15所示。離職傾向量表的成分矩陣如表5.16所示。

表 5.15　　　　離職傾向量表的 KMO 和 Bartlett 的檢驗結果

取樣足夠度的 Kaiser-Meyer-Olkin 度量		0.672
Bartlett 的球形度檢驗	近似卡方	286.691
	df	3
	Sig.	0.000

表 5.16　　　　離職傾向量表的成分矩陣

	成分 1	共同度	解釋總方差
LZQX1	0.847	0.717	77.307%
LZQX2	0.929	0.863	
LZQX3	0.860	0.739	

註：提取方法為主成分分析法。

5.2.3.3　信度分析

根據 Cronbach's Alpha 係數分析結果，發現量表信度為 0.849，信度良好。離職傾向項總計統計量如表 5.17 所示。

表 5.17　　　　離職傾向項總計統計量

	項已刪除的刻度均值	項已刪除的刻度方差	校正的項總計相關性	項已刪除的 Cronbach's Alpha 值
LZQX1	7.12	5.369	0.667	0.845
LZQX2	6.55	5.415	0.818	0.697
LZQX3	6.43	5.884	0.680	0.823

5.3　人力資源管理者工作滿意度、組織支持感和離職傾向的正式調查分析

5.3.1　工作滿意度、組織支持感和離職傾向測量工具的信度、效度分析

利用預調研形成的工作滿意度、組織支持感和離職傾向的正式問卷進行大樣本調查。調查對象採用第 3 章職業高原研究的大樣本，樣本量為 365。在收回數據后，對工作滿意度、組織支持感和離職傾向量表進行信度效度分析。

5.3.1.1 工作滿意度量表的信度、效度分析

正式調查問卷中的工作滿意度量表包括 16 個條目，其中內部滿意度 9 個條目、外部滿意度 7 個條目。量表 Cronbach α 系數為 0.924，分量表信度如表 5.18 所示。量表信度良好。

表 5.18　　　　　　　　　工作滿意度量表信度分析

構成因子	項目數	Cronbach α 系數
內部滿意度	9	0.870
外部滿意度	7	0.926

效度檢驗結果顯示，KMO 值為 0.914，表明適合進行因子分析，Bartlett 球形檢驗的 $\chi^2 = 3,162.199$，Sig. $= 0.000 < 0.001$，代表母群體的相關矩陣間有共同因子存在，也說明適合做因子分析。並且進行因子分析之後，所得的因子與預調查時一致。

5.3.1.2 組織支持感量表的信度、效度分析

正式調查問卷中的組織支持感量表包括 16 個條目，其中情感性組織支持 7 個條目、工具性支持 3 個條目、主管支持 3 個條目、同事支持 3 個條目。量表 Cronbach α 系數為 0.960，分量表信度如表 5.19 所示。量表信度良好。

表 5.19　　　　企業人力資源管理者組織支持感量表信度分析

構成因子	項目數	Cronbach α 系數
情感性組織支持	7	0.948
工具性支持	3	0.908
主管支持	3	0.870
同事支持	3	0.903

效度檢驗結果顯示，KMO 值為 0.945，表明適合進行因子分析，Bartlett 球形檢驗的 $\chi^2 = 5,085.987$，Sig. $= 0.000 < 0.001$，代表母群體的相關矩陣間有共同因子存在，也說明適合做因子分析。並且進行因子分析之後，所得的因子與預調查時一致。

5.3.1.3 離職傾向量表的信度、效度分析

正式調查問卷中的組織支持感量表包括 3 個條目，量表 Cronbach α 系數為 0.850，信度良好。效度檢驗結果顯示，KMO 值為 0.680，表明適合進行因子分析，Bartlett 球形檢驗的 $\chi^2 = 462.135$，Sig. $= 0.000 < 0.001$，提取一個公共因

子，檢驗結果與預調查時一致。

5.3.2 企業人力資源管理者工作滿意度、組織支持感和離職傾向的總體狀況

5.3.2.1 工作滿意度的總體狀況

企業人力資源管理者工作滿意度得分均值為3.842,2分，內部滿意度均值為4.189,0分，外部滿意度均值為3.921,7分，說明人力資源管理者工作滿意度處於中等偏上水平，即企業人力資源管理者工作滿意度水平相對較高。從描述性統計來看，企業人力資源管理者的內部工作滿意度水平要高於外部工作滿意度。企業人力資源管理者工作滿意度描述性統計量如表5.20所示。

表5.20　　企業人力資源管理者工作滿意度描述性統計量

	N	均值	標準差
內部滿意度	365	4.189,0	1.169,30
外部滿意度	365	3.921,7	1.289,69
工作滿意度	365	3.842,2	1.082,17
有效的N（列表狀態）	365		

5.3.2.2 組織支持感的整體狀況

企業人力資源管理者組織支持感平均得分為3.954,3分，說明人力資源管理者的組織支持感處於中等偏上水平。從描述性統計量來看，企業人力資源管理者的情感性組織支持感最低，其次為主管支持，工具性支持和同事支持相對較高。企業人力資源管理者組織支持感描述性統計量如表5.21所示。

表5.21　　企業人力資源管理者組織支持感描述性統計量

	N	均值	標準差
情感性組織支持	365	3.883,4	1.304,95
工具性組織支持	365	4.001,8	1.354,46
主管支持	365	3.919,6	1.299,57
同事支持	365	4.106,8	1.281,44
組織支持感	365	3.954,3	1.241,97
有效的N（列表狀態）	365		

5.3.2.3 離職傾向的整體狀況

通過對企業人力資源管理者的離職傾向進行描述性統計分析，發現企業人力資源管理者的離職傾向的均值得分為3.370,8分，標準差為1.163,97，說明企業人力資源管理者的離職傾向不是很嚴重，處於中等偏下水平。

5.4 企業人力資源管理者職業高原維度與工作滿意度關係的統計分析

5.4.1 不同職業高原維度水平企業人力資源管理者工作滿意度差異分析

本書採用單因子方差分析的方法對處於不同程度職業高原的企業人力資源管理者的工作滿意度、內部工作滿意度和外部工作滿意度進行分析。

5.4.1.1 不同結構高原水平人力資源管理者工作滿意度差異分析

按照結構高原的平均得分高低進行排序，平均得分居前27%的為高分組，居後27%的為低分組，介於其間的為中等組，其中組別設高分組為1，中等組為2，低分組為3。檢驗結果如表5.22所示。從表5.22可以看出，不同結構高原水平人力資源管理者工作滿意度差異顯著，通過方差齊性或方差不齊分別選擇LSD或Tamhane's T2法進行多重比較。比較結果見表5.23。

表5.22　不同結構高原水平人力資源管理者工作滿意度單因子分析結果

		平方和	df	均方	F	顯著性
內部滿意度	組間	94.870	2	47.435	42.629	0.000
	組內	402.815	362	1.113		
	總數	497.685	364			
外部滿意度	組間	174.647	2	87.323	73.379	0.000
	組內	430.790	362	1.190		
	總數	605.437	364			
工作滿意度	組間	110.830	2	55.415	63.593	0.000
	組內	315.444	362	0.871		
	總數	426.274	364			

表 5.23　結構高原對人力資源管理者工作滿意度各維度因子影響差異的多重比較

	方差齊性檢驗(Sig.)	多重比較方法	(I) 結構高原分組	(J) 結構高原分組	均值差(I-J)	顯著性
內部滿意度	0.000<0.05	Tamhane's T2	1	2	-1.058,09*	0.000
			1	3	-1.206*	0.000
			2	1	1.058,09*	0.000
			2	3	-0.148,12	0.327
			3	1	1.206,20*	0.000
			3	2	0.148,12	0.327
外部滿意度	0.000<0.05	Tamhane's T2	1	2	-1.333,86*	0.000
			1	3	-1.746,54*	0.000
			2	1	1.333,86*	0.000
			2	3	-0.412,67*	0.327
			3	1	1.746,54*	0.000
			3	2	0.412,67*	0.327
工作滿意度	0.000<0.05	Tamhane's T2	1	2	-1.093,21*	0.000
			1	3	-1.362,56*	0.000
			2	1	1.093,21*	0.000
			2	3	-0.269,35*	0.006
			3	1	1.362,56*	0.000
			3	2	0.269,35*	0.006

通過表 5.23 結構高原對人力資源管理者工作滿意度各維度因子影響差異的多重比較結果可以看出，在內部滿意度上高結構高原得分的人力資源管理者的內部工作滿意得分要低於中結構高原得分和低結構高原得分的人力資源管理者的內部工作滿意得分；在外部滿意度上，高結構高原得分的人力資源管理者的外部工作滿意得分也要低於中結構高原得分和低結構高原得分的人力資源管理者的外部工作滿意得分，同時中等結構高原得分的人力資源管理者的外部工作滿意度要低於低結構高原得分的人力資源管理者的外部工作滿意度；在整體工作滿意度上，高結構高原得分的人力資源管理者的整體工作滿意得分要低於中結構高原得分和低結構高原得分的人力資源管理者的整體工作滿意得分，同時中等結構高原得分的人力資源管理者的整體工作滿意度要低於低結構高原得分的人力資源管理者的整體工作滿意度。總體來看，人力資源管理者結構高原程度越高，相對的工作滿意度越低。

5.4.1.2　不同內容高原水平人力資源管理者工作滿意度差異分析

按內容高原的平均得分高低進行排序，平均得分居前27%的為高分組，居後27%的為低分組，介於其間的為中等組，其中組別設高分組為1，中等組為2，低分組為3。檢驗結果如表5.24所示。從表5.24可以看出，不同內容高原水平人力資源管理者工作滿意度差異顯著，通過方差齊性或方差不齊分別選擇LSD或Tamhane's T2法進行多重比較。比較結果見表5.25。

表5.24　不同內容高原水平人力資源管理者工作滿意度單因子分析結果

		平方和	df	均方	F	顯著性
內部滿意度	組間	174.082	2	87.041	91.950	0.000
	組內	306.703	324	0.947		
	總數	480.784	326			
外部滿意度	組間	245.807	2	122.903	119.318	0.000
	組內	333.737	324	1.030		
	總數	579.544	326			
工作滿意度	組間	177.149	2	88.574	122.510	0.000
	組內	234.251	324	0.723		
	總數	411.400	326			

表5.25　內容高原對人力資源管理者工作滿意度各維度因子影響差異的多重比較

	方差齊性檢驗(Sig.)	多重比較方法	(I)內容高原分組	(J)內容高原分組	均值差(I-J)	顯著性
內部滿意度	0.000<0.05	Tamhane's T2	1	2	−1.113,11*	0.000
				3	−1.657,18*	0.000
			2	1	1.113,11*	0.000
				3	−0.544,07*	0.000
			3	1	1.657,18*	0.000
				2	0.544,07*	0.000
外部滿意度	0.000<0.05	Tamhane's T2	1	2	−1.550,89*	0.000
				3	−1.936,95*	0.000
			2	1	1.550,89*	0.000
				3	−0.386,07*	0.012
			3	1	1.936,95*	0.000
				2	0.386,07*	0.012

表5.25(續)

	方差齊性檢驗(Sig.)	多重比較方法	(I) 內容高原分組	(J) 內容高原分組	均值差（I-J）	顯著性
工作滿意度	0.000<0.05	Tamhane's T2	1	2	-1.237,50*	0.000
				3	-1.658,56*	0.000
			2	1	1.237,50*	0.000
				3	-0.421,06*	0.000
			3	1	1.658,56*	0.000
				2	0.421,06*	0.000

註：* 表示均值差的顯著性水平為 0.05。

通過表5.25內容高原對人力資源管理者工作滿意度各維度因子影響差異的多重比較結果可以看出，在內部滿意度上，高內容高原得分的人力資源管理者的內部工作滿意得分要低於中等內容高原得分和低內容高原得分的人力資源管理者的內部工作滿意得分，中內容高原得分的人力資源管理者的內部滿意度要低於低內容高原得分的人力資源管理者的內部滿意度；在外部滿意度上，高內容高原得分的人力資源管理者的外部工作滿意得分也要低於中內容高原得分和低內容高原得分的人力資源管理者的外部工作滿意得分，同時中內容高原得分的人力資源管理者的外部工作滿意度要低於低內容高原得分的人力資源管理者的外部工作滿意度；在整體工作滿意度上，高內容高原得分的人力資源管理者的整體工作滿意得分要低於中內容高原得分和低內容高原得分的人力資源管理者的整體工作滿意得分，同時，中內容高原得分的人力資源管理者的整體工作滿意度要低於低內容高原得分的人力資源管理者的整體工作滿意度。這說明，人力資源管理者的內容高原程度越高，相對的工作滿意度越低。

5.4.1.3　不同中心化高原水平人力資源管理者工作滿意度差異分析

按中心化高原的平均得分高低進行排序，平均得分居前27%的為高分組，居後27%的為低分組，介於其間的為中等組，其中組別設高分組為1，中等組為2，低分組為3。檢驗結果如表5.26所示。從表5.26可以看出，不同中心化高原水平人力資源管理者內部工作滿意度、外部工作滿意度和整體工作滿意度差異顯著，通過方差齊性或方差不齊分別選擇 LSD 或 Tamhane's T2 法進行多重比較。比較結果見表5.27。

表 5.26　不同中心化高原水平人力資源管理者工作滿意度單因子分析結果

		平方和	df	均方	F	顯著性
內部滿意度	組間	207.810	2	103.905	129.758	0.000
	組內	289.874	362	0.801		
	總數	497.685	364			
外部滿意度	組間	279.847	2	139.924	155.571	0.000
	組內	325.590	362	0.899		
	總數	605.437	364			
工作滿意度	組間	203.918	2	101.959	165.991	0.000
	組內	222.356	362	0.614		
	總數	426.274	364			

表 5.27　中心化高原對人力資源管理者工作滿意度各維度因子影響差異的多重比較

	方差齊性檢驗(Sig).	多重比較方法	(I) 中心化高原分組	(J) 中心化高原分組	均值差(I-J)	顯著性
內部滿意度	0.000<0.05	Tamhane's T2	1	2	-1.333,07*	0.000
			1	3	-1.721,71*	0.000
			2	1	1.333,07*	0.000
			2	3	-0.388,64*	0.000
			3	1	1.721,71*	0.000
			3	2	0.388,64*	0.000
外部滿意度	0.000<0.05	Tamhane's T2	1	2	-1.444,06*	0.000
			1	3	-2.043,17*	0.000
			2	1	1.444,06*	0.000
			2	3	-0.599,11*	0.000
			3	1	2.043,17*	0.000
			3	2	0.599,11*	0.000
工作滿意度	0.000<0.05	Tamhane's T2	1	2	-1.274,59*	0.000
			1	3	-1.727,04*	0.000
			2	1	1.274,59*	0.000
			2	3	-0.452,44*	0.000
			3	1	1.727,04*	0.000
			3	2	0.452,44*	0.000

註：*表示均值差的顯著性水平為 0.05。

通過表 5.27 中心化高原對人力資源管理者工作滿意度各維度因子影響差異的多重比較結果可以看出，在內部工作滿意度上，高中心化高原得分組的人力資源管理者的內部工作滿意度要低於中等中心化得分和低中心化得分組的人力資源管理者的內部工作滿意度，同時中等中心化高原得分組的人力資源管理者的內部工作滿意度要低於低中心化高原得分組人力資源管理者的內部工作滿意度；從外部滿意度來看，情況同上；從整體工作滿意度來看，高中心化高原得分組的人力資源管理者的工作滿意度要低於中等中心化得分和低中心化得分組的人力資源管理者的工作滿意度，同時中等中心化高原得分組的人力資源管理者的工作滿意度要低於低中心化高原得分組人力資源管理者的工作滿意度。這說明人力資源管理者中心化高原程度越高，相對的工作滿意度越低。

5.4.1.4 不同動機高原水平人力資源管理者工作滿意度差異分析

按動機高原的平均得分高低進行排序，平均得分居前 27% 的為高分組，居後 27% 的為低分組，介於其間的為中等組，其中組別設高分組為 1，中等組為 2，低分組為 3。檢驗結果如表 5.28 所示。從表 5.28 可以看出，不同動機高原水平人力資源管理者內部工作滿意度、外部工作滿意度和整體工作滿意度差異顯著，通過方差齊性或方差不齊分別選擇 LSD 或 Tamhane's T2 法進行多重比較。比較結果見表 5.29。

表 5.28　不同動機高原水平人力資源管理者工作滿意度單因素分析結果

		平方和	df	均方	F	顯著性
內部滿意度	組間	96.769	2	48.384	43.688	0.000
	組內	400.916	362	1.108		
	總數	497.685	364			
外部滿意度	組間	98.695	2	49.348	35.252	0.000
	組內	506.741	362	1.400		
	總數	605.437	364			
工作滿意度	組間	85.160	2	42.580	45.187	0.000
	組內	341.114	362	0.942		
	總數	426.274	364			

表 5.29　動機高原對人力資源管理者工作滿意度各維度因子影響差異的多重比較

	方差齊性檢驗(Sig.)	多重比較方法	(I) 動機高原分組	(J) 動機高原分組	均值差(I-J)	顯著性
內部滿意度	0.000<0.05	Tamhane's T2	1	2	-1.041,23*	0.000
				3	-1.136,00*	0.000
			2	1	1.041,23*	0.000
				3	-0.094,77	0.687
			3	1	1.136,00*	0.000
				2	0.094,77	0.687
外部滿意度	0.000<0.05	Tamhane's T2	1	2	-0.939,39*	0.000
				3	-1.220,84*	0.000
			2	1	0.939,39*	0.000
				3	-0.281,45	0.097
			3	1	1.220,84*	0.000
				2	0.281,45	0.097
工作滿意度	0.000<0.05	Tamhane's T2	1	2	-0.923,70*	0.000
				3	-1.105,10*	0.000
			2	1	0.923,70*	0.000
				3	-0.181,41	0.149
			3	1	1.105,10*	0.000
				2	0.181,41	0.149

註：＊表示均值差的顯著性水平為 0.05。

從表 5.29 動機高原對人力資源管理者工作滿意度各維度因子影響差異的多重比較分析可以看出，在內部工作滿意度上，高動機高原得分組的人力資源管理者的內部工作滿意度要低於中等動機高原和低動機高原得分的人力資源管理者的內部工作滿意度；在外部工作滿意度上，高動機高原得分組的人力資源管理者的內部工作滿意度要低於中等動機高原和低動機高原得分的人力資源管理者的內部工作滿意度；在整體工作滿意度上，高動機高原得分組的人力資源管理者的內部工作滿意度也要低於中等動機高原和低動機高原得分的人力資源管理者的內部工作滿意度。這說明，動機高原程度高的人力資源管理者的工作滿意度相對低。

5.4.1.5　不同職業高原水平人力資源管理者工作滿意度差異分析

按職業高原的平均得分高低進行排序，平均得分居前27%的為高分組，居

后27%的為低分組，介於其間的為中等組，其中組別設高分組為1，中等組為2，低分組為3。檢驗結果如表5.30所示。從表5.30可以看出，不同職業高原水平人力資源管理者的內部工作滿意度、外部工作滿意度和整體工作滿意度差異顯著，通過方差齊性或方差不齊分別選擇LSD或Tamhane's T2法進行多重比較。比較結果見表5.31。

表5.30　不同職業高原水平人力資源管理者工作滿意度單因子分析結果

		平方和	df	均方	F	顯著性
內部滿意度	組間	122.574	2	61.287	59.145	0.000
	組內	375.110	362	1.036		
	總數	497.685	364			
外部滿意度	組間	109.691	2	54.846	40.049	0.000
	組內	495.745	362	1.369		
	總數	605.437	364			
工作滿意度	組間	101.196	2	50.598	56.345	0.000
	組內	325.078	362	0.898		
	總數	426.274	364			

表5.31　職業高原對人力資源管理者工作滿意度各維度因子影響差異的多重比較

	方差齊性檢驗(Sig.)	多重比較方法	(I)職業高原分組	(J)職業高原分組	均值差（I-J）	顯著性
內部滿意度	0.000<0.05	Tamhane's T2	1	2	-1.219,44*	0.000
			1	3	-1.388,54*	0.000
			2	1	1.219,44*	0.000
			2	3	-0.169,10	0.106
			3	1	1.388,54*	0.000
			3	2	0.169,10	0.106
外部滿意度	0.000<0.05	Tamhane's T2	1	2	-0.997,76*	0.000
			1	3	-1.360,48*	0.000
			2	1	0.997,76*	0.000
			2	3	-0.362,72*	0.009
			3	1	1.360,48*	0.000
			3	2	0.362,72*	0.009

表5.31(續)

	方差齊性檢驗(Sig.)	多重比較方法	(I) 職業高原分組	(J) 職業高原分組	均值差(I-J)	顯著性
工作滿意度	0.000<0.05	Tamhane's T2	1	2	-1.037,65*	0.000
				3	-1.288,07*	0.000
			2	1	1.037,65*	0.000
				3	-0.250,42*	0.007
			3	1	1.288,07*	0.000
				2	0.250,42*	0.007

註：*表示均值差的顯著性水平為0.05。

從表5.31職業高原對人力資源管理者工作滿意度各維度因子影響差異的多重比較結果可以看出，在內部工作滿意度上，職業高原高分組的內部工作滿意度要低於職業高原中分組和低分組的人力資源管理者的內部工作滿意度，但職業高原中分組的人力資源管理者的內部工作滿意度和低分組的人力資源管理者沒有顯著差異；在外部工作滿意度上，職業高原高分組的人力資源管理者的內部工作滿意度要低於職業高原中分組和低分組的人力資源管理者的內部工作滿意度，同時，職業高原中分組的人力資源管理者的外部滿意度也低於職業高原低分組的人力資源管理者的外部滿意度；在整體工作滿意度上，職業高原高分組的工作滿意度要低於職業高原中分組和低分組的人力資源管理者的工作滿意度，同時，職業高原中分組的人力資源管理者的外部滿意度也低於職業高原低分組的人力資源管理者的外部滿意度。這說明，人力資源管理者職業高原程度越高，工作滿意度越低。

5.4.2 職業高原維度與工作滿意度的相關性分析

我們採用偏相關分析的方法對職業高原各維度和工作滿意度各維度之間的相關性進行分析。相關分析用來測量變量間是否存在關係以及關係的緊密程度，相關分析採用相關係數r作為判斷標準。相關係數的判斷標準為：r<0.4為弱相關；r為0.4~0.6為中度相關；r為0.6~0.7為較強相關；r>0.7為強相關。分析結果如表5.32所示。從表5.32中可以看出，在控制了性別、婚姻、年齡、工作年限、任職年限、學歷、職位和企業性質等人口學變量后，職業高原整體與內部工作滿意度、外部工作滿意度和工作滿意度整體的相關係數分別為-0.577、-0.661和-0.658，顯著性概率均為0.000，可見職業高原與內部工作滿意度、外部工作滿意度和整體工作滿意度之間顯著負相關。同時，職業高原四個構成維度與內部滿意度、外部滿意度和工作滿意度之間也呈負相關關係。

表 5.32　職業高原各維度與工作滿意度各維度的偏相關分析

控制變量			內部滿意度	外部滿意度	工作滿意度
性別、婚姻、職位、企業的性質、年齡、工作年限、任職年限、學歷	結構高原	相關性	−0.295	−0.441	−0.393
		顯著性（雙側）	0.000	0.000	0.000
		df	355	355	355
	內容高原	相關性	−0.480	−0.547	−0.545
		顯著性（雙側）	0.000	0.000	0.000
		df	355	355	355
	中心化高原	相關性	−0.578	−0.629	−0.634
		顯著性（雙側）	0.000	0.000	0.000
		df	355	355	355
	動機高原	相關性	−0.441	−0.401	−0.452
		顯著性（雙側）	0.000	0.000	0.000
		df	355	355	355
	職業高原	相關性	−0.577	−0.661	−0.658
		顯著性（雙側）	0.000	0.000	0.000
		df	355	355	355

5.4.3　職業高原維度與工作滿意度的迴歸分析

本節將通過多元迴歸分析來研究職業高原與工作滿意之間的因果關係。在迴歸分析中以工作滿意度和其構成維度為因變量，以職業高原的四個構成維度為自變量，以人口學變量為控制變量，通過分層和逐步迴歸法進行多元迴歸分析，探討職業高原各維度對工作滿意度各維度的預測程度。首先採用分層迴歸將人口學變量全部納入迴歸方程作為控制變量，再針對職業高原構成維度，採用逐步迴歸進行分析，考察進入迴歸模型的職業高原維度因子。

在多元迴歸分析中可能會涉及「共線性」（Collinarity）問題。共線性指自變量間的相關性太高，造成迴歸分析的情境困擾，因此在進行迴歸分析的過程中需要進行自變量的共線性檢驗來判斷自變量間是否存在多元共線性問題。具體的判斷方法主要採用：①容忍度（Tolerance）等於 $1-R^2$，其中 R^2 是此自變量與其他自變量間的多元相關係數的平方。容忍度的值為 0~1，如果自變量的容忍度太小，則說明此變量與其他變量間有共線性問題，即容忍度以接近 1 為佳。②方差膨脹因素（Variance Inflation Factor：VIF）是容忍度的倒數，VIF 值越大，表示自變量的容忍度越小，越有共線性。在本書的多元迴歸模型中，

在迴歸分析的同時通過了對各個變量之間的共線性檢驗，顯示各變量間不存在共線性問題，具體的檢驗結果省略。

5.4.3.1 職業高原各維度與工作滿意度的整體迴歸分析

從表 5.33 職業高原維度多元迴歸模型匯總可以看出，判斷係數 $R^2 = 0.643$，表明迴歸方程可以解釋總體變異的 64.3%，其中人口學變量的解釋量為 27.6%，中心化高原的解釋量為 29.1%，動機高原的解釋量為 6.1%，內容高原的解釋量為 2.3%，結構高原的解釋量為 0.4%。模型迴歸顯著。職業高原和工作滿意度的迴歸矩陣見表 5.34。

表 5.33　　職業高原維度多元迴歸模型匯總

模型	R	R^2	調整 R^2	標準估計的誤差	ΔR^2	F	df1	df2	Sig.(顯著性)
1	0.526[a]	0.276	0.260	0.930,81	0.276	17.001	8	356	0.000
2	0.753[b]	0.568	0.557	0.720,65	0.291	238.915	1	355	0.000
3	0.793[c]	0.628	0.618	0.669,22	0.061	57.662	1	354	0.000
4	0.807[d]	0.651	0.640	0.649,57	0.023	22.732	1	353	0.000
5	0.809[e]	0.655	0.643	0.646,74	0.004	4.103	1	352	0.044

註：
a. 預測變量（常量）：人口學變量。
b. 預測變量（常量）：人口學變量，中心化高原。
c. 預測變量（常量）：人口學變量，中心化高原，動機高原。
d. 預測變量（常量）：人口學變量，中心化高原，動機高原，內容高原。
e. 預測變量（常量）：人口學變量，中心化高原，動機高原，內容高原，結構高原。

表 5.34　　職業高原各維度預測工作滿意度的分層多元迴歸結果

變量	第一步 Bata	t	Sig.	變量	第二步 Bata	t	Sig.	變量	第三步 Bata	t	Sig.
（常量）		5.198	0.000	（常量）		14.380	0.000	（常量）		16.078	0.000
性別	0.085	1.791	0.074	性別	0.090	2.446	0.015	性別	0.111	3.243	0.001
婚姻狀況	0.292	5.121	0.000	婚姻狀況	0.167	3.712	0.000	婚姻	0.151	3.623	0.000
職位	0.298	4.948	0.000	職位	0.017	0.335	0.738	職位	0.029	0.615	0.539
企業性質	0.287	6.194	0.000	企業性質	0.217	6.012	0.000	企業性質	0.168	4.928	0.000
年齡	-0.118	-1.539	0.125	年齡	-0.099	-1.674	0.095	年齡	-0.043	-0.771	0.441
工作年限	-0.351	-4.444	0.000	工作年限	-0.210	-3.395	0.001	工作年限	-0.158	-2.740	0.006
任職年限	-0.052	-0.725	0.469	任職年限	-0.084	-1.515	0.131	任職年限	-0.065	-1.251	0.212
學歷	0.139	3.005	0.003	學歷	0.154	4.303	0.000	學歷	0.123	3.690	0.000
				中心化高原	-0.615	-15.457	0.000	中心化高原	-0.535	-13.933	0.000
								動機高原	-0.285	-7.594	0.000

表5.34(續)

第四步			第五步		
（常量）		17.089	0.000	（常量）		16.792	0.000
性別	0.099	2.981	0.003	性別	0.104	3.130	0.002
婚姻	0.151	3.716	0.000	婚姻	0.144	3.556	0.000
職位	0.013	0.285	0.776	職位	-0.002	-0.048	0.962
企業性質	0.157	4.734	0.000	企業性質	0.145	4.301	0.000
年齡	-0.022	-0.406	0.685	年齡	-0.003	-0.061	0.951
工作年限	-0.170	-3.029	0.003	工作年限	-0.172	-3.067	0.002
任職年限	-0.047	-0.932	0.352	任職年限	-0.045	-0.903	0.367
學歷	0.106	3.246	0.001	學歷	0.091	2.720	0.007
中心化高原	-0.430	-9.939	0.000	中心化高原	-0.433	-10.042	0.000
動機高原	-0.247	-6.613	0.000	動機高原	-0.203	-4.715	0.000
內容高原	-0.197	-4.768	0.000	內容高原	-0.177	-4.182	0.000
				結構高原	-0.093	-2.026	0.044

註：因變量為工作滿意度平均。

　　從表5.34可以看出，職業高原的四個構成因子——中心化高原、動機高原、內容高原和結構高原分別都在0.05的顯著性水平上，可以被歸入對工作滿意度的迴歸方程，其四個因子對工作滿意度都是負向預測指標，迴歸系數分別為-10.042、-4.715、-4.182和-2.026。

5.4.3.2　職業高原各維度與內部工作滿意度的迴歸分析

　　從表5.35職業高原維度對內部工作滿意度的多元迴歸模型匯總可以看出，除了結構高原，職業高原的其他三個維度都被納入迴歸模型中，且判斷系數$R^2=0.576$，表明迴歸方程可以解釋總體變異的57.6%，其中人口學變量的解釋量為24.5%，中心化高原的解釋量為25.3%，動機高原的解釋量為6.5%，內容高原的解釋量為1.3%。且模型迴歸顯著。職業高原和內部工作滿意度的迴歸矩陣見表5.36。

表5.35　　職業高原維度多元迴歸模型匯總

模型	R	R^2	調整R^2	標準估計的誤差	更改統計量				
					ΔR^2	F	df1	df2	Sig.(顯著性)
1	0.495[a]	0.245	0.228	1.027,66	0.245	14.407	8	356	0.000
2	0.705[b]	0.497	0.485	0.839,45	0.253	178.533	1	355	0.000
3	0.750[c]	0.563	0.550	0.784,08	0.065	52.907	1	354	0.000

表5.35(續)

模型	R	R^2	調整 R^2	標準估計的誤差	ΔR^2	F	df1	df2	Sig.(顯著性)
4	0.759[d]	0.576	0.563	0.773,19	0.013	11.043	1	353	0.001

註:
a. 預測變量(常量):人口學變量。
b. 預測變量(常量):人口學變量,中心化高原。
c. 預測變量(常量):人口學變量,中心化高原,動機高原。
d. 預測變量(常量):人口學變量,中心化高原,動機高原,內容高原。

表5.36 職業高原各維度預測內部工作滿意度的分層多元迴歸結果

第一步 變量	Bata	t	Sig.	第二步 變量	Bata	t	Sig.
(常量)		6.295	0.000	(常量)		13.987	0.000
性別	0.095	1.970	0.050	性別	0.100	2.526	0.012
婚姻	0.267	4.572	0.000	婚姻	0.150	3.090	0.002
職位	0.238	3.866	0.000	職位	-0.024	-0.449	0.654
企業性質	0.265	5.612	0.000	企業性質	0.201	5.151	0.000
年齡	-0.080	-1.022	0.307	年齡	-0.063	-0.980	0.328
工作年限	-0.387	-4.799	0.000	工作年限	-0.256	-3.838	0.000
任職年限	-0.046	-0.630	0.529	任職年限	-0.076	-1.272	0.204
學歷	0.098	2.089	0.037	學歷	0.112	2.921	0.004
				中心化高原	-0.573	-13.362	0.000
第三步				第四步			
(常量)		15.542	0.000	(常量)		16.080	0.000
性別	0.122	3.288	0.001	性別	0.113	3.081	0.002
婚姻	0.134	2.950	0.003	婚姻	0.133	2.980	0.003
職位	-0.012	-0.236	0.813	職位	-0.024	-0.481	0.631
企業性質	0.150	4.047	0.000	企業性質	0.141	3.863	0.000
年齡	-0.004	-0.067	0.947	年齡	0.012	0.202	0.840
工作年限	-0.202	-3.227	0.001	工作年限	-0.211	-3.415	0.001
任職年限	-0.056	-0.998	0.319	任職年限	-0.042	-0.762	0.446
學歷	0.081	2.234	0.026	學歷	0.068	1.880	0.061
中心化高原	-0.490	-11.770	0.000	中心化高原	-0.410	-8.590	0.000
動機高原	-0.296	-7.274	0.000	動機高原	-0.267	-6.487	0.000
				內容高原	-0.151	-3.323	0.001

註:因變量為內部滿意度。

從表 5.36 可以看出，職業高原的三個構成因子——中心化高原、動機高原和內容高原分別都在 0.05 的顯著性水平上，可以被歸入對內部工作滿意度的迴歸方程，其三個因子對工作滿意度都是負向預測指標，迴歸系數分別為 -8.590、-6.487 和 -3.323。

5.4.3.3 職業高原各維度與外部工作滿意度的迴歸分析

從表 5.37 職業高原維度對外部工作滿意度的多元迴歸模型匯總可以看出，職業高原的其他四個維度都被納入迴歸模型中，且判斷系數 $R^2 = 0.650$，表明迴歸方程可以解釋總體變異的 65.0%，其中人口學變量的解釋量為 27.4%，中心化高原的解釋量為 28.8%，結構高原的解釋量為 6.6%，內容高原的解釋量為 1.7%，動機高原的解釋量為 0.5%。模型迴歸顯著。職業高原和外部工作滿意度的迴歸矩陣見表 5.38。

表 5.37　　　　　職業高原維度多元迴歸模型匯總

模型	R	R^2	調整 R^2	標準估計的誤差	ΔR^2	F	df1	df2	Sig.(顯著性)
1	0.523[a]	0.274	0.257	1.111,35	0.274	16.774	8	356	0.000
2	0.749[b]	0.561	0.550	0.864,85	0.288	232.859	1	355	0.000
3	0.792[c]	0.628	0.617	0.798,10	0.066	62.862	1	354	0.000
4	0.803[d]	0.645	0.634	0.780,39	0.017	17.253	1	353	0.000
5	0.806[e]	0.650	0.638	0.776,26	0.005	4.760	1	352	0.030

註：

a. 預測變量（常量）：人口學變量。
b. 預測變量（常量）：人口學變量，中心化高原。
c. 預測變量（常量）：人口學變量，中心化高原，結構高原。
d. 預測變量（常量）：人口學變量，中心化高原，結構高原，內容高原。
e. 預測變量（常量）：人口學變量，中心化高原，結構高原，內容高原，動機高原。

表 5.38　職業高原各維度預測外部工作滿意度的分層多元迴歸結果

變量	第一步 Bata	t	Sig.	變量	第二步 Bata	t	Sig.	變量	第三步 Bata	t	Sig.
（常量）		2.721	0.007	（常量）		11.634	0.000	（常量）		14.617	0.000
性別	0.077	1.615	0.107	性別	0.082	2.207	0.028	性別	0.105	3.074	0.002
婚姻	0.296	5.185	0.000	婚姻	0.172	3.796	0.000	婚姻	0.141	3.358	0.001
職位	0.340	5.640	0.000	職位	0.061	1.205	0.229	職位	0.012	0.253	0.800
企業性質	0.276	5.947	0.000	企業性質	0.207	5.681	0.000	企業性質	0.134	3.845	0.000
年齡	-0.138	-1.801	0.073	年齡	-0.120	-2.004	0.046	年齡	-0.019	-0.338	0.736

表5.38(續)

	第一步				第二步				第三步		
變量	Bata	t	Sig.		Bata	t	Sig.		Bata	t	Sig.
工作年限	-0.280	-3.534	0.000	工作年限	-0.139	-2.238	0.026	工作年限	-0.119	-2.075	0.039
任職年限	-0.053	-0.740	0.460	任職年限	-0.085	-1.523	0.129	任職年限	-0.063	-1.215	0.225
學歷	0.165	3.582	0.000	學歷	0.180	5.018	0.000	學歷	0.107	3.104	0.002
				中心化高原	-0.611	-15.260	0.000	中心化高原	-0.541	-14.211	0.000
								結構高原	-0.308	-7.929	0.000

	第四步				第五步		
變量	Bata	t	Sig.	變量	Bata	t	Sig.
（常量）		15.124	0.000	（常量）		14.770	0.000
性別	0.093	2.778	0.006	性別	0.097	2.891	0.004
婚姻	0.143	3.498	0.001	婚姻	0.143	3.518	0.000
職位	0.007	0.158	0.875	職位	0.020	0.427	0.670
企業性質	0.130	3.821	0.000	企業性質	0.126	3.727	0.000
年齡	-0.010	-0.183	0.855	年齡	-0.009	-0.159	0.874
工作年限	-0.127	-2.256	0.025	工作年限	-0.113	-2.006	0.046
任職年限	-0.048	-0.949	0.343	任職年限	-0.046	-0.910	0.363
學歷	0.100	2.958	0.003	學歷	0.102	3.051	0.002
中心化高原	-0.448	-10.336	0.000	中心化高原	-0.437	-10.054	0.000
結構高原	-0.257	-6.434	0.000	結構高原	-0.207	-4.486	0.000
內容高原	-0.177	-4.154	0.000	內容高原	-0.172	-4.030	0.000
				動機高原	-0.094	-2.182	0.030

註：因變量為外部滿意度平均。

　　從表5.38可以看出，職業高原的四個維度——中心化高原、結構高原、內容高原和動機高原都在0.05的顯著性水平上，可以被納入對外部工作滿意度的迴歸方程，且對工作滿意度都是負向預測指標，迴歸系數分別為 -10.054、-4.486、-4.030 和 -2.182。

5.5　企業人力資源管理者職業高原維度和離職傾向的統計關係分析

5.5.1　不同職業高原維度水平企業人力資源管理者離職傾向的差異分析

本書採用單因子方差分析的方法對處於不同程度的企業人力資源管理者的

離職傾向進行分析。按照職業高原整體以及各維度的平均得分高低進行排序，平均得分居前 27% 的為高分組，居后 27% 的為低分組，介於其間的為中等組，其中組別設高分組為 1，中等組為 2，低分組為 3。檢驗結果如表 5.39 所示。從表 5.39 可以看出，不同結構高原、內容高原、中心化高原、動機高原以及職業高原整體水平的人力資源管理者離職傾向差異顯著，通過方差齊性或方差不齊分別選擇 LSD 或 Tamhane's T2 法進行多重比較。比較結果見表 5.40。

表 5.39　不同職業高原水平人力資源管理者離職傾向單因子分析結果

		平方和	df	均方	F	顯著性
結構高原	組間	113.065	2	56.533	53.842	0.000
	組內	380.090	362	1.050		
	總數	493.155	364			
內容高原	組間	69.120	2	34.560	28.207	0.000
	組內	396.970	324	1.225		
	總數	466.090	326			
中心化高原	組間	33.412	2	16.706	13.154	0.000
	組內	459.743	362	1.270		
	總數	493.155	364			
動機高原	組間	67.813	2	33.906	28.857	0.000
	組內	425.342	362	1.175		
	總數	493.155	364			
職業高原整體	組間	63.347	2	31.674	26.677	0.000
	組內	429.808	362	1.187		
	總數	493.155	364			

表 5.40　職業高原各維度對人力資源管理者離職傾向因子影響差異的多重比較

	方差齊性檢驗(Sig.)	多重比較方法	(I) ** 高原分組	(J) ** 高原分組	均值差 (I−J)	顯著性
結構高原分組比較情況	0.187>0.05	LSD	1	2	0.765,86*	0.000
				3	1.538,01*	0.000
			2	1	−0.765,86*	0.000
				3	0.772,15*	0.000
			3	1	−1.538,01*	0.000
				2	−0.772,15*	0.000

表5.40(續)

	方差齊性檢驗(Sig.)	多重比較方法	(I) ** 高原分組	(J) ** 高原分組	均值差 (I-J)	顯著性
內容高原分組比較情況	0.504>0.05	LSD	1	2	1.171,57*	0.000
				3	0.834,44*	0.000
			2	1	-1.171,57*	0.000
				3	-0.337,13*	0.038
			3	1	-0.834,44*	0.000
				2	0.337,13*	0.038
中心化高原分組比較情況	0.029<0.05	Tamhane's T2	1	2	0.373,30*	0.029
				3	0.733,03*	0.000
			2	1	-0.373,30*	0.029
				3	0.359,73*	0.031
			3	1	-0.733,03*	0.000
				2	-0.359,73*	0.031
動機高原分組比較情況	0.229>0.05	LSD	1	2	0.669,87*	0.000
				3	1.050,90*	0.000
			2	1	-0.669,87*	0.000
				3	0.381,03*	0.007
			3	1	-1.050,90*	0.000
				2	-0.381,03*	0.007
職業高原整體分組比較情況	0.140>0.05	LSD	1	2	0.556,44*	0.000
				3	1.038,10*	0.000
			2	1	-0.556,44*	0.000
				3	0.481,67*	0.000
			3	1	-1.038,10*	0.000
				2	-0.481,67*	0.000

註：＊表示均值差的顯著性水平為 0.05。

通過表 5.40 結構高原對人力資源管理者離職傾向影響差異的多重比較結果可以看出，結構高原高得分組的人力資源管理者的離職傾向要顯著高於中等得分組和低得分組人力資源管理者的離職傾向，而結構高原中等得分組的人力資源管理者的離職傾向要顯著高於低得分組的人力資源管理者的離職傾向，說明人力資源管理者結構高原程度越高，相對的離職傾向越高；內容高原高得分組的人力資源管理者的離職傾向要顯著高於中等得分組和低得分組的人力資源管理者的離職傾向，內容高原中等得分組的人力資源管理者的離職傾向要顯著

低於低得分組的人力資源管理者的離職傾向；中心化高原高得分組的人力資源管理者的離職傾向要顯著高於中等得分組和低得分組人力資源管理者的離職傾向，中心化高原中等得分組的人力資源管理者的離職傾向要顯著高於低得分組的人力資源管理者的離職傾向，說明人力資源管理者的中心化高原程度越高，相對的離職傾向越高；動機高原高得分組的人力資源管理者的離職傾向要顯著高於中等得分組和低得分組的人力資源管理者的離職傾向，動機高原中等得分組的人力資源管理者的離職傾向要顯著高於低得分組的人力資源管理者的離職傾向，說明動機高原程度越高的人力資源管理者的離職傾向越高；職業高原整體高得分組的人力資源管理者的離職傾向要顯著高於中等得分組和低得分組的人力資源管理者的離職傾向，同時職業高原整體中等得分組的人力資源管理者的離職傾向要顯著高於低得分組的人力資源管理者的離職傾向，說明人力資源管理者職業高原程度越高，相對的離職傾向越高。

5.5.2 職業高原各維度與離職傾向的相關性分析

我們採用偏相關分析的方法對職業高原各維度和工作滿意度各維度之間的相關性進行分析。從表5.41可以看出，在控制了性別、婚姻、年齡、工作年限、任職年限、學歷、職位和企業性質等人口學變量後，結構高原、內容高原、中心化高原、動機高原、職業高原整體與離職傾向的相關係數分別為0.518、0.293、0.166、0.344和0.467，顯著性概率均為0.000，可見職業高原整體和各維度與離職傾向之間呈負相關關係。

表 5.41　　職業高原各維度與離職傾向的偏相關分析

控制變量			離職傾向
性別、婚姻、職位、企業性質、年齡、工作年限、任職、學歷	結構高原	相關性	0.518
		顯著性（雙側）	0.000
		df	355
	內容高原	相關性	0.293
		顯著性（雙側）	0.000
		df	355
	中心化高原	相關性	0.166
		顯著性（雙側）	0.002
		df	355
	動機高原	相關性	0.344
		顯著性（雙側）	0.000
		df	355
	職業高原	相關性	0.467
		顯著性（雙側）	0.000
		df	355

5.5.3 職業高原各維度與離職傾向的迴歸分析

相關分析僅能看出變量之間存在的簡單相關關係，需要進一步通過多元迴歸分析來研究職業高原與離職傾向之間的因果關係。在迴歸分析中以離職傾向為因變量，以職業高原的四個構成維度為自變量，以人口學變量為控制變量，通過分層和逐步迴歸法進行多元迴歸分析，探討職業高原各維度對工作滿意度各維度的預測程度。

從表 5.42 看出，職業高原四個維度中的結構高原和內容高原被納入迴歸模型中，且判斷系數 $R^2 = 0.398$，表明迴歸方程可以解釋總體變異的 39.8%，其中人口學變量的解釋量為 16.5%，結構高原的解釋量為 22.4%，內容高原的解釋量為 0.9%。模型迴歸顯著。職業高原和離職傾向的迴歸矩陣見表 5.43。

表 5.42　　　　職業高原維度多元迴歸模型匯總

模型	R	R^2	調整 R^2	標準估計的誤差	ΔR^2	F	df1	df2	Sig.(顯著性)
1	0.406[a]	0.165	0.146	1.075,58	0.165	8.785	8	356	0.000
2	0.623[b]	0.389	0.373	0.921,63	0.224	129.873	1	355	0.000
3	0.631[c]	0.398	0.381	0.915,99	0.009	5.385	1	354	0.021

註：
a. 預測變量（常量）：人口學變量。
b. 預測變量（常量）：人口學變量，結構高原。
c. 預測變量（常量）：人口學變量，結構高原，內容高原。

表 5.43　　　　職業高原各維度預測離職傾向的分層多元迴歸結果

變量	第一步 Bata	t	Sig.	第二步 變量	Bata	t	Sig.	第三步 變量	Bata	t	Sig.
（常量）		12.349	0.000	（常量）		6.194	0.000	（常量）		5.328	0.000
性別	0.047	0.919	0.359	性別	0.003	0.079	0.937	性別	0.012	0.264	0.792
婚姻	0.064	1.046	0.296	婚姻	0.145	2.739	0.006	婚姻	0.153	2.903	0.004
職位	-0.223	-3.453	0.001	職位	-0.078	-1.373	0.171	職位	-0.053	-0.912	0.363
企業性質	-0.256	-5.151	0.000	企業性質	-0.112	-2.512	0.012	企業性質	-0.106	-2.406	0.017
年齡	0.040	0.482	0.630	年齡	-0.144	-1.991	0.047	年齡	-0.147	-2.041	0.042
工作年限	-0.130	-1.538	0.125	工作年限	-0.195	-2.678	0.008	工作年限	-0.202	-2.787	0.006
任職年限	0.076	0.979	0.328	任職年限	0.042	0.636	0.525	任職年限	0.037	0.559	0.577
學歷	-0.138	-2.795	0.005	學歷	-0.010	-0.230	0.818	學歷	-0.010	-0.236	0.813
				結構高原	0.551	11.396	0.000	結構高原	0.506	9.729	0.000
								內容高原	0.111	2.321	0.021

註：因變量為離職傾向。

從表5.43可以看出，職業高原構成因子中的結構高原和內容高原都在0.05的顯著性水平上，可以被歸入對離職傾向的迴歸方程，且對離職傾向都是正向預測指標，迴歸系數分別為9.729和2.321。

5.6 職業高原、工作滿意度、離職傾向關係分析 ——以組織支持感為仲介變量

5.6.1 仲介變量的研究方法

本節將檢驗在人力資源管理者職業高原和工作滿意度、職業高原與離職傾向之間的關係中，組織支持感是否起到以及起到怎樣的仲介作用。在檢驗過程中，以職業高原整體為自變量，以工作滿意度、內部工作滿意度、外部工作滿意度和離職傾向為因變量，以組織支持感為仲介變量進行檢驗。具體的檢驗假設包括：

(1) 組織支持感在職業高原和工作滿意度的關係之間起到仲介作用；
(2) 組織支持感在職業高原和內部工作滿意度的關係之間起到仲介作用；
(3) 組織支持感在職業高原和外部工作滿意度的關係之間起到仲介作用；
(4) 組織支持感在職業高原和離職傾向的關係之間起到仲介作用。

在5.4.2和5.5.2中已經進行了職業高原與工作滿意度、職業高原和離職傾向之間的相關分析，要進一步瞭解組織支持感在其中起到的仲介作用，需要進一步進行職業高原與組織支持感、組織支持感與工作滿意度以及組織支持感與離職傾向之間的相關分析和迴歸分析。仲介作用的概念是：考慮自變量 X 對因變量 Y 的影響，如果 X 通過影響變量 M 來影響 Y，則稱 M 為仲介變量。假設所有變量已經進行中心化處理，可以用下列方程來描述變量之間的關係：

$$Y = cX + e_1 \qquad (5.1)$$
$$M = aX + e_2 \qquad (5.2)$$
$$Y = c'X + bM + e_3 \qquad (5.3)$$

仲介變量示意圖如圖5.1所示。

$$Y = cX + e_1$$

$$M = aX + e_2$$

$$Y = c'X + bM + e_3$$

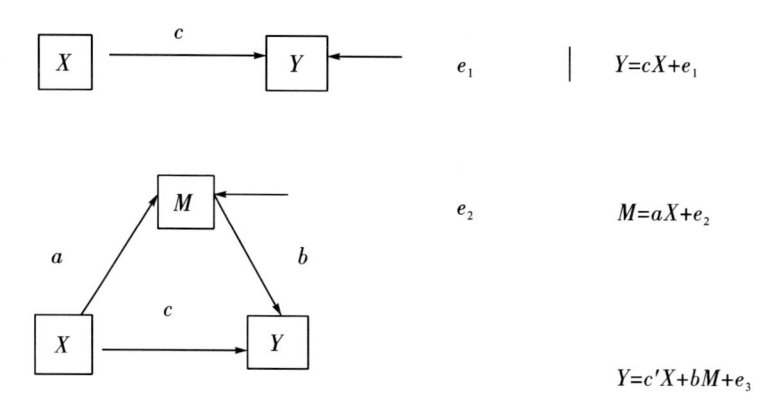

圖 5.1 仲介變量示意圖

假設 Y 與 X 顯著相關，意味著迴歸系數 c 顯著，在這個前提下考慮仲介變量 M。判斷仲介效應的標準是如果下面兩個條件成立，則仲介效應顯著：①自變量顯著影響因變量；②在因果鏈中任一個變量，當控制了它前面的變量後，顯著影響它後面的變量；③如果在控制了仲介變量後，自變量對因變量的影響不顯著，則屬於完全仲介過程。但只有一個仲介變量時，上述條件的含義是：系數 c 顯著；系數 a 顯著，且系數 b 顯著；如果是完全仲介過程則系數 c' 不顯著，如果 c' 不顯著則起到不完全仲介作用。①

5.6.2 相關分析

5.6.2.1 職業高原與組織支持感之間的相關性分析

在控制了性別、婚姻、職位、企業性質、年齡、工作年限、任職年限和學歷等人口學變量後，職業高原各維度與組織支持感各維度之間的偏相關分析結果如表 5.44 所示。從表中數據可以看到，職業高原各維度與組織支持感各維度呈負相關關係，且相關性顯著。

---

① 溫忠麟，張雷，侯杰泰，等．仲介效應檢驗程序及其應用 [J]．心理學報，2004，36（5）：614-620．

表 5.44　　　　　職業高原與組織支持感之間的相關性分析

控制變量			情感性組織支持	工具性組織支持	主管支持	同事支持	組織支持感
性別、婚姻、職位、企業性質、年齡、工作年限、任職年限、學歷	結構高原	相關性	−0.369	−0.323	−0.298	−0.194	−0.334
		顯著性(雙側)	0.000	0.000	0.000	0.000	0.000
		df	355	355	355	355	355
	內容高原	相關性	−0.543	−0.527	−0.503	−0.430	−0.544
		顯著性(雙側)	0.000	0.000	0.000	0.000	0.000
		df	355	355	355	355	355
	中心化高原	相關性	−0.676	−0.628	−0.617	−0.565	−0.675
		顯著性(雙側)	0.000	0.000	0.000	0.000	0.000
		df	355	355	355	355	355
	動機高原	相關性	−0.389	−0.320	−0.298	−0.346	−0.373
		顯著性(雙側)	0.000	0.000	0.000	0.000	0.000
		df	355	355	355	355	355
	職業高原	相關性	−0.648	−0.575	−0.532	−0.481	−0.618
		顯著性(雙側)	0.000	0.000	0.000	0.000	0.000
		df	355	355	355	355	355

5.6.2.2　組織支持感與工作滿意度之間的相關性分析

在控制了性別、婚姻、職位、企業性質、年齡、工作年限、任職年限和學歷等人口學變量後，組織支持感各維度與工作滿意度各維度之間的偏相關分析結果如表5.45所示。從表中數據可以看到，組織支持感各維度與工作滿意度各維度呈正相關關係，且相關性顯著。

5.6.2.3　組織支持感與離職傾向之間的相關性分析

在控制了性別、婚姻、職位、企業性質、年齡、工作年限、任職年限和學歷等人口學變量後，組織支持感各維度與離職傾向之間的偏相關分析結果如表5.46所示。由表中數據可知，組織支持感維度中的情感性組織支持、工具性組織支持和主管支持與離職傾向負相關，且相關性顯著，而同事支持與離職傾向的相關性不顯著。

表 5.45　　　組織支持感和工作滿意度之間的相關性分析

控制變量			內部滿意度	外部滿意度	工作滿意度
性別、婚姻、職位、企業性質、年齡、工作年限、任職年限、學歷	情感性組織支持	相關性	0.806	0.891	0.891
		顯著性（雙側）	0.000	0.000	0.000
		df	355	355	355
	工具性組織支持	相關性	0.747	0.848	0.835
		顯著性（雙側）	0.000	0.000	0.000
		df	355	355	355
	主管支持	相關性	0.773	0.871	0.861
		顯著性（雙側）	0.000	0.000	0.000
		df	355	355	355
	同事支持	相關性	0.807	0.738	0.814
		顯著性（雙側）	0.000	0.000	0.000
		df	355	355	355
	組織支持感	相關性	0.838	0.904	0.915
		顯著性（雙側）	0.000	0.000	0.000
		df	355	355	355

表 5.46　　　組織支持感和離職傾向之間的相關性分析

控制變量			離職傾向平均
性別、婚姻、職位、企業性質、年齡、工作年限、任職年限、學歷	情感性組織支持	相關性	-0.270
		顯著性（雙側）	0.000
		df	355
	工具性組織支持	相關性	-0.229
		顯著性（雙側）	0.000
		df	355
	主管支持	相關性	-0.251
		顯著性（雙側）	0.000
		df	355
	同事支持	相關性	-0.093
		顯著性（雙側）	0.079
		df	355
	組織支持感	相關性	-0.241
		顯著性（雙側）	0.000
		df	355

5.6.3 仲介作用分析

5.6.3.1 組織支持感對職業高原與工作滿意度之間的仲介作用分析

前文進行了職業高原各維度和工作滿意度各維度之間的迴歸分析。為了明確分析組織支持感在職業高原和工作滿意度之間的仲介作用，下面進一步採用職業高原整體對工作滿意度整體和各維度之間的迴歸分析檢驗仲介作用。

1. 組織支持感在職業高原和工作滿意度之間的仲介作用分析

（1）職業高原對工作滿意度的迴歸分析

首先檢驗迴歸模型 $Y=c+X+e_1$ 中系數 c 的顯著性，其中 Y 是工作滿意度，X 是職業高原。從表 5.47 職業高原對工作滿意度的多元迴歸模型匯總可以看出，職業高原判斷系數 $R^2=0.589$，表明迴歸方程可以解釋總體變異的 58.9%，其中人口學變量的解釋量為 27.6%，職業高原的解釋量為 31.3%。模型迴歸顯著。職業高原和工作滿意度的迴歸矩陣見表 5.48。職業高原對工作滿意度的迴歸系數為 -0.642，系數顯著。

表 5.47　　　　職業高原多元迴歸模型匯總

模型	R	R^2	調整 R^2	標準估計的誤差	ΔR^2	F	df1	df2	Sig.(顯著性)
1	0.526ª	0.276	0.260	0.930,81	0.276	17.001	8	356	0.000
2	0.768ᵇ	0.589	0.579	0.702,11	0.313	270.685	1	355	0.000

註：
a. 預測變量（常量）：人口學變量。
b. 預測變量（常量）：人口學變量，職業高原。

表 5.48　　　　職業高原對工作滿意度整體的迴歸模型系數

	第一步				第二步		
	標準系數	t	Sig.		標準系數	t	Sig.
（常量）		-6.058	0.000	（常量）		-4.886	0.000
性別	0.085	1.791	0.074	性別	0.118	3.289	0.001
婚姻	0.292	5.121	0.000	婚姻	0.161	3.689	0.000
職位	0.298	4.948	0.000	職位	0.061	1.286	0.199
企業性質	0.287	6.194	0.000	企業性質	0.125	3.448	0.001
年齡	-0.118	-1.539	0.125	年齡	0.051	0.874	0.383
工作年限	-0.351	-4.444	0.000	工作年限	-0.200	-3.310	0.001
任職年限	-0.052	-0.725	0.469	任職年限	-0.029	-0.534	0.594
學歷	0.139	3.005	0.003	學歷	0.049	1.402	0.162
				職業高原	-0.642	-16.453	0.000

註：因變量為工作滿意度。

（2）職業高原對組織支持感的迴歸分析

其次檢驗迴歸模型 $M=aX+e_2$ 中系數 a 的顯著性，其中 M 是組織支持感，X 是職業高原。從表 5.49 職業高原對組織支持感的迴歸模型可以看出，職業高原判斷系數 $R^2=0.539$，表明迴歸方程可以解釋總體變異的 53.9%，其中人口學變量的解釋量為 25.3%，職業高原的解釋量為 28.5%。模型迴歸顯著。職業高原和組織支持感的迴歸矩陣見表 5.50。職業高原對組織支持感的迴歸系數為 -0.612，系數顯著。

表 5.49　　　　職業高原對組織支持感的迴歸模型

模型	R	R^2	調整 R^2	標準估計的誤差	ΔR^2	F	df1	df2	Sig.(顯著性)
1	0.503[a]	0.253	0.237	1.085,10	0.253	15.107	8	356	0.000
2	0.734[b]	0.539	0.527	0.854,14	0.285	219.553	1	355	0.000

註：
a. 預測變量（常量）：人口學變量。
b. 預測變量（常量）：人口學變量，職業高原。

表 5.50　　　　職業高原對組織支持感的迴歸模型系數

	第一步				第二步		
	標準系數	t	Sig.		標準系數	t	Sig.
（常量）		-6.441	0.000	（常量）		-5.334	0.000
性別	0.092	1.901	0.058	性別	0.123	3.238	0.001
婚姻	0.314	5.415	0.000	婚姻	0.189	4.075	0.000
職位	0.300	4.897	0.000	職位	0.074	1.456	0.146
企業性質	0.263	5.603	0.000	企業性質	0.109	2.839	0.005
年齡	-0.120	-1.539	0.125	年齡	0.042	0.672	0.502
工作年限	-0.309	-3.857	0.000	工作年限	-0.165	-2.579	0.010
任職年限	-0.039	-0.533	0.595	任職年限	-0.017	-0.292	0.771
學歷	0.132	2.822	0.005	學歷	0.047	1.260	0.208
				職業高原	-0.612	-14.817	0.000

註：因變量為組織支持感。

（3）職業高原、組織支持感對工作滿意度的迴歸分析

最后檢驗迴歸模型 $Y=c'X+bM+e_3$ 中系數 c' 和 b 的顯著性，其中 M 是組織支持感，X 是職業高原，Y 是工作滿意度。從表 5.47 可知，在沒有加入仲介變量組織支持感時，職業高原判斷系數 $R^2=0.589$，從表 5.51 看到，在加入了組

織支持感后，判斷系數 $R^2=0.892$，表明迴歸方程可以解釋總體變異的 89.2%，判斷系數發生顯著變化。從職業高原、組織支持感對工作滿意度的迴歸矩陣表 5.52 可知，在加入了組織支持感后，職業高原對工作滿意度的迴歸系數由表 5.48 中的 -0.642 變為 -0.146，且系數顯著。這說明組織支持感在職業高原和工作滿意度之間起到顯著的仲介作用，且起到部分仲介作用。這也說明職業高原不完全通過組織支持感作用於工作滿意度，職業高原對工作滿意度有直接效應。

表 5.51　職業高原、組織支持感對工作滿意度的迴歸模型

模型	R	R^2	調整 R^2	標準估計的誤差	ΔR^2	F	df1	df2	Sig.(顯著性)
1	0.526a	0.276	0.260	0.930,81	0.276	17.001	8	356	0.000
2	0.944b	0.892	0.889	0.361,32	0.615	1,004.262	2	354	0.000

註：

a. 預測變量（常量）：人口學變量。

b. 預測變量（常量）：人口學變量，職業高原，組織支持感。

表 5.52　職業高原、組織支持感對工作滿意度的迴歸模型系數

	第一步				第二步		
	標準系數	t	Sig.		標準系數	t	Sig.
（常量）		-6.058	0.000	（常量）		-0.581	0.562
性別	0.085	1.791	0.074	性別	0.018	0.978	0.329
婚姻	0.292	5.121	0.000	婚姻	0.008	0.366	0.714
職位	0.298	4.948	0.000	職位	0.002	0.071	0.944
企業性質	0.287	6.194	0.000	企業性質	0.037	1.946	0.052
年齡	-0.118	-1.539	0.125	年齡	0.018	0.579	0.563
工作年限	-0.351	-4.444	0.000	工作年限	-0.066	-2.113	0.035
任職年限	-0.052	-0.725	0.469	任職年限	-0.015	-0.550	0.582
學歷	0.139	3.005	0.003	學歷	0.011	0.623	0.534
				職業高原	-0.146	-5.715	0.000
				組織支持感	0.809	31.408	0.000

註：因變量為工作滿意度。

2. 組織支持感在職業高原和內部工作滿意度之間的仲介作用分析

（1）職業高原對內部工作滿意度的迴歸分析

首先檢驗迴歸模型 $Y=cX+e_1$ 中系數 c 的顯著性，其中 Y 是工作滿意度，X 是職業高原。表 5.53 是職業高原對內部工作滿意度的多元迴歸模型，從表中

可見，職業高原判斷系數 $R^2 = 0.496$，表明迴歸方程可以解釋總體變異的 49.6%，其中人口學變量的解釋量為 24.5%，職業高原的解釋量為 25.1%。模型迴歸顯著。職業高原和工作滿意度的迴歸矩陣見表 5.54。職業高原對內部工作滿意度的迴歸係數為 -0.575。

表 5.53　　　　職業高原對內部工作滿意度的迴歸模型

模型	R	R^2	調整 R^2	標準估計的誤差	ΔR^2	F	df1	df2	Sig.(顯著性)
1	0.495[a]	0.245	0.228	1.027,66	0.245	14.407	8	356	0.000
2	0.704[b]	0.496	0.483	0.840,77	0.251	176.863	1	355	0.000

註：
a. 預測變量（常量）：人口學變量。
b. 預測變量（常量）：人口學變量，職業高原。

表 5.54　　　　職業高原對內部工作滿意度整體的迴歸模型係數

	第一步				第二步		
	標準係數	t	Sig.		標準係數	t	Sig.
（常量）		-4.821	0.000	（常量）		-3.360	0.001
性別	0.095	1.970	0.050	性別	0.125	3.146	0.002
婚姻	0.267	4.572	0.000	婚姻	0.149	3.080	0.002
職位	0.238	3.866	0.000	職位	0.026	0.489	0.625
企業性質	0.265	5.612	0.000	企業性質	0.121	3.000	0.003
年齡	-0.080	-1.022	0.307	年齡	0.072	1.101	0.272
工作年限	-0.387	-4.799	0.000	工作年限	-0.252	-3.766	0.000
任職年限	-0.046	-0.630	0.529	任職年限	-0.026	-0.425	0.671
學歷	0.098	2.089	0.037	學歷	0.018	0.474	0.636
				職業高原	-0.575	-13.299	0.000

註：因變量為內部工作滿意度。

（2）職業高原、組織支持感對內部工作滿意度的迴歸分析

前文已經進行了職業高原對組織支持感的迴歸分析，即檢驗迴歸模型 $M = aX + e_2$ 中係數 a 的顯著性，因此，直接進行職業高原、組織支持感對內部工作滿意度的迴歸分析，以判斷組織支持感在職業高原和內部工作滿意度之間的仲介作用。由表 5.53 職業高原對內部工作滿意度的多元迴歸模型中可見，職業高原判斷係數 $R^2 = 0.496$，當加入了組織支持感後，整體判斷係數變為 0.773。且從表 5.55 職業高原、組織支持感對內部工作滿意度整體的迴歸模型係數看，

職業高原對內部工作滿意度的迴歸係數由-0.575變為-0.095。因此，組織支持感在職業高原和內部工作滿意度之間的仲介作用顯著，且起到不完全仲介作用。職業高原、組織支持感對內部工作滿意度整體的迴歸模型係數如表5.56所示。

表5.55 職業高原、組織支持感對內部工作滿意度的迴歸模型

模型	R	R^2	調整 R^2	標準估計的誤差	ΔR^2	F	df1	df2	Sig.(顯著性)
1	0.495ª	0.245	0.228	1.027,66	0.245	14.407	8	356	0.000
2	0.883ᵇ	0.779	0.773	0.557,62	0.534	427.559	2	354	0.000

註：
a. 預測變量（常量）：人口學變量。
b. 預測變量（常量）：人口學變量，職業高原，組織支持感。

表5.56 職業高原、組織支持感對內部工作滿意度整體的迴歸模型係數

	第一步				第二步		
	標準係數	t	Sig.		標準係數	t	Sig.
（常量）		-4.821	0.000	（常量）		0.923	0.357
性別	0.095	1.970	0.050	性別	0.029	1.070	0.285
婚姻	0.267	4.572	0.000	婚姻	0.001	0.040	0.968
職位	0.238	3.866	0.000	職位	-0.032	-0.906	0.366
企業性質	0.265	5.612	0.000	企業性質	0.035	1.302	0.194
年齡	-0.080	-1.022	0.307	年齡	0.039	0.900	0.369
工作年限	-0.387	-4.799	0.000	工作年限	-0.123	-2.739	0.006
任職年限	-0.046	-0.630	0.529	任職年限	-0.012	-0.311	0.756
學歷	0.098	2.089	0.037	學歷	-0.018	-0.707	0.480
				職業高原	-0.095	-2.604	0.010
				組織支持感	0.783	21.285	0.000

註：因變量為內部工作滿意度。

3. 組織支持感在職業高原和外部工作滿意度之間的仲介作用分析

（1）職業高原對外部工作滿意度的迴歸分析

表5.57是職業高原對外部工作滿意度的多元迴歸模型，從表中可見，職業高原判斷係數$R^2=0.591$，表明迴歸方程可以解釋總體變異的59.1%，其中人口學變量的解釋量為27.4%，職業高原的解釋量為31.7%。模型迴歸顯著。職業高原和工作滿意度的迴歸矩陣見表5.58。職業高原對外部工作滿意度的

迴歸系數為-0.646。

表 5.57　　　　　職業高原對外部工作滿意度的迴歸模型

模型	R	R^2	調整 R^2	標準估計的誤差	ΔR^2	F	df1	df2	Sig.(顯著性)
1	0.523ª	0.274	0.257	1.111,35	0.274	16.774	8	356	0.000
2	0.769ᵇ	0.591	0.581	0.834,95	0.317	275.715	1	355	0.000

註：

a. 預測變量（常量）：人口學變量。

b. 預測變量（常量）：人口學變量，職業高原。

表 5.58　　　職業高原對外部工作滿意度整體的迴歸模型系數

	第一步				第二步		
	標準系數	t	Sig.		標準系數	t	Sig.
（常量）		-6.902	0.000	（常量）		-5.994	0.000
性別	0.077	1.615	0.107	性別	0.110	3.073	0.002
婚姻	0.296	5.185	0.000	婚姻	0.165	3.772	0.000
職位	0.340	5.640	0.000	職位	0.102	2.143	0.033
企業性質	0.276	5.947	0.000	企業性質	0.113	3.122	0.002
年齡	-0.138	-1.801	0.073	年齡	0.032	0.550	0.582
工作年限	-0.280	-3.534	0.000	工作年限	-0.127	-2.112	0.035
任職年限	-0.053	-0.740	0.460	任職年限	-0.030	-0.554	0.580
學歷	0.165	3.582	0.000	學歷	0.076	2.153	0.032
				職業高原	-0.646	-16.605	0.000

註：因變量為外部工作滿意度。

（2）職業高原、組織支持感對外部工作滿意度的迴歸分析

前文進行了職業高原對組織支持感的迴歸分析，即檢驗迴歸模型 $M = aX + e_2$ 中系數 a 的顯著性，因此，直接進行職業高原、組織支持感對外部工作滿意度的迴歸分析，以判斷組織支持感在職業高原和外部工作滿意度之間的仲介作用。從表 5.59 職業高原對外部工作滿意度的多元迴歸模型中可見，職業高原判斷系數 $R^2 = 0.591$，當加入了組織支持感后，整體判斷系數變為 0.880。且從表 5.60 職業高原、組織支持感對外部工作滿意度整體的迴歸模型系數看到，職業高原對外部工作滿意度的迴歸系數由-0.646 變為-0.162。因此，組織支持感在職業高原和外部工作滿意度之間的仲介作用顯著，且起到不完全仲介作用。

表 5.59　職業高原、組織支持感對外部工作滿意度的迴歸模型

模型	R	R^2	調整 R^2	標準估計的誤差	更改統計量			
					ΔR^2	F	df1	df2	Sig.(顯著性)
1	0.523ª	0.274	0.257	1.111,35	0.274	16.774	8	356	0.000
2	0.938ᵇ	0.880	0.876	0.453,49	0.606	892.034	2	354	0.000

註：
a. 預測變量（常量）：人口學變量。
b. 預測變量（常量）：人口學變量，職業高原，組織支持感。

表 5.60　職業高原、組織支持感對外部工作滿意度整體的迴歸模型系數

第一步			第二步		
	標準系數	t	Sig.		標準系數	t	Sig.
（常量）		-6.902	0.000	（常量）		-2.680	0.008
性別	0.077	1.615	0.107	性別	0.013	0.640	0.522
婚姻	0.296	5.185	0.000	婚姻	0.015	0.626	0.532
職位	0.340	5.640	0.000	職位	0.044	1.689	0.092
企業性質	0.276	5.947	0.000	企業性質	0.027	1.341	0.181
年齡	-0.138	-1.801	0.073	年齡	0.000	-0.026	0.979
工作年限	-0.280	-3.534	0.000	工作年限	0.003	0.100	0.921
任職年限	-0.053	-0.740	0.460	任職年限	-0.017	-0.568	0.570
學歷	0.165	3.582	0.000	學歷	0.038	2.011	0.045
				職業高原	-0.162	-6.015	0.000
					0.791	29.145	0.000

註：因變量為外部工作滿意度。

5.6.3.2　組織支持感對職業高原與離職傾向之間的仲介作用分析

1. 職業高原與離職傾向之間的迴歸分析

通過迴歸分析建立職業高原對離職傾向的迴歸模型，見表 5.61。從表中可知，職業高原判斷系數 $R^2 = 0.347$，表明迴歸方程可以解釋總體變異的 34.7%，其中人口學變量的解釋量為 16.5%，職業高原的解釋量為 18.2%。模型迴歸顯著。職業高原對離職傾向的迴歸模型系數如表 5.62 所示。

表 5.61　　　　　　　　職業高原對離職傾向的迴歸模型

模型	R	R^2	調整 R^2	標準估計的誤差	更改統計量				
					ΔR^2	F	df1	df2	Sig.(顯著性)
1	0.406ª	0.165	0.146	1.075,58	0.165	8.785	8	356	0.000
2	0.589ᵇ	0.347	0.331	0.952,35	0.182	99.090	1	355	0.000

註：
a. 預測變量（常量）：人口學變量。
b. 預測變量（常量）：人口學變量，職業高原。

表 5.62　　　　　　　職業高原對離職傾向的迴歸模型系數

	第一步			第二步		
	標準系數	t	Sig.	標準系數	t	Sig.
（常量）		3.803	0.000	（常量）		2.401	0.017
性別	0.047	0.919	0.359	性別	0.022	0.480	0.631
婚姻	0.064	1.046	0.296	婚姻	0.164	2.969	0.003
職位	-0.223	-3.453	0.001	職位	-0.043	-0.712	0.477
企業性質	-0.256	-5.151	0.000	企業性質	-0.133	-2.904	0.004
年齡	0.040	0.482	0.630	年齡	-0.090	-1.209	0.228
工作年限	-0.130	-1.538	0.125	工作年限	-0.246	-3.237	0.001
任職年限	0.076	0.979	0.328	任職年限	0.058	0.847	0.398
學歷	-0.138	-2.795	0.005	學歷	-0.070	-1.586	0.114
				職業高原	0.489	9.954	0.000

註：因變量為離職傾向。

2. 職業高原、組織支持感對離職傾向的迴歸分析

從表 5.61 和表 5.63 中的數據可知，在加入了組織支持感后，職業高原對離職傾向的迴歸方程的解釋量並沒有顯著變化，且在職業高原和組織支持感對離職傾向的迴歸方程中組織支持感的迴歸系數 b 為 0.083，P 值為 0.192，不顯著，因此需要進行 Sobel 檢驗，來進一步判斷組織支持感是否起到仲介作用。Sobel 檢驗①的檢驗統計量是：

$$Z = \hat{a}\hat{b} \Big/ \sqrt{\hat{a}^2 s_b^2 + \hat{b}^2 s_a^2}$$

其中 $\hat{a}$、$\hat{b}$ 是非標準化系數值，此處 $\hat{a} = -0.754$，$s_b^2 = 0.051$，$\hat{b} = 0.077$，$s_a^2 =$

---

① BARON M REUBEN, DAVID A KENNY. The Moderator-Mediator Variable Distinction in Social Psychological Research: Conceptual, Strategic, and Statistical Considerations [J]. Journal of Personality and Social Psychology, 1986, 51 (6): 1173-1182.

0.059，計算得 $|z|=1.3<1.96$，P 值不顯著，說明組織支持感在職業高原和工作滿意度之間的仲介作用不顯著。職業高原不通過組織支持感作用於離職傾向。職業高原對離職傾向具有直接的影響作用。

表 5.63　　職業高原、組織支持感對離職傾向的迴歸模型

模型	R	R^2	調整 R^2	標準估計的誤差	ΔR^2	F	df1	df2	Sig.(顯著性)
1	0.406[a]	0.165	0.146	1.075,58	0.165	8.785	8	356	0.000
2	0.592[b]	0.350	0.332	0.951,40	0.185	50.500	2	354	0.000

註：

a. 預測變量（常量）：人口學變量。

b. 預測變量（常量）：人口學變量，職業高原，組織支持感。

5.7　研究結果分析

5.7.1　研究假設檢驗結果

本章針對企業人力資源管理者職業高原與組織支持感、工作滿意度和離職傾向之間的關係設定了 8 個方面的研究假設，經大樣本實證分析檢驗后的假設檢驗結果如表 5.64 所示。

表 5.64　　　　　　　　研究假設的檢驗結果匯總

標號		檢驗結果
H4	H4a	不同結構高原水平人力資源管理者的工作滿意度存在顯著差異
	H4b	不同內容高原水平人力資源管理者的工作滿意度存在顯著差異
	H4c	不同中心化高原水平人力資源管理者的工作滿意度存在顯著差異
	H4d	不同動機高原水平人力資源管理者的工作滿意度存在顯著差異
	H4e	不同職業高原水平人力資源管理者的工作滿意度存在顯著差異
H5	H5a	職業高原與工作滿意度整體負相關
	H5b	職業高原與內部工作滿意度負相關
	H5c	職業高原與外部工作滿意度負相關

表5.64(續)

標號		檢驗結果
H6	H6a	不同結構高原水平人力資源管理者的離職傾向存在顯著差異
	H6b	不同內容高原水平人力資源管理者的離職傾向存在顯著差異
	H6c	不同中心化高原水平人力資源管理者的離職傾向存在顯著差異
	H6d	不同動機高原水平人力資源管理者的離職傾向存在顯著差異
	H6e	不同職業高原水平人力資源管理者的離職傾向存在顯著差異
H7		職業高原與離職傾向之間正相關
H8		組織支持感與工作滿意度之間正相關
H9		組織支持感與離職傾向負相關
H10	H10a	組織支持感在職業高原和工作滿意度的關係之間起到仲介作用
	H10b	組織支持感在職業高原和內部工作滿意度的關係之間起到仲介作用
	H10c	組織支持感在職業高原和外部工作滿意度的關係之間起到仲介作用
H11		組織支持感在職業高原和離職傾向的關係之間未起到仲介作用

5.7.2 實證結果分析

本章的實證研究結果分析如下：

第一，企業人力資源管理者工作滿意度、組織支持感和離職傾向的整體狀況。從實證分析結果來看，企業人力資源管理者的工作滿意度處於中上水平，且內部工作滿意度要高於外部工作滿意度；企業人力資源管理者的組織支持感同樣處於中上水平，在組織支持感的四個構成維度中，同事支持感最高，其次為工具性組織支持、主管支持和情感性組織支持；企業人力資源管理者的離職傾向處於中等偏下水平，說明企業人力資源管理者的離職傾向不是很高。

第二，職業高原和工作滿意度的關係。之前的大量研究都證明員工是否處於職業高原會對工作滿意度產生影響，職業高原期員工的工作滿意度可能會低於非職業高原期員工的工作滿意度。本書通過將職業高原得分割分為高分組、中等分組和低分組的方法，比較不同程度的職業高原得分的人力資源管理者的工作滿意度是否存在差異。研究結果顯示，結構高原得分高的人力資源管理者的內在工作滿意度、外在工作滿意度和整體工作滿意度都要比得分相對低的人力資源管理者的相應的滿意度要低；內容高原得分高的人力資源管理者的內在工作滿意度、外在工作滿意度和整體工作滿意度都要比得分相對低的人力資源管理者的相應的滿意度要低；中心化高原得分高的人力資源管理者的內在工作滿意度、外在工作滿意度和整體工作滿意度都要比得分相對低的人力資源管理

者的相應的滿意度要低；動機高原得分高的人力資源管理者的內在工作滿意度、外在工作滿意度和整體工作滿意度都要比得分相對低的人力資源管理者的相應的滿意度要低；在職業高原整體得分分組中也存在同樣的情況，說明高職業高原的確會帶來低工作滿意度。同時，從職業高原維度和工作滿意度的相關分析和迴歸分析的結果來看，職業高原的四個維度對整體工作滿意度均具有負面影響；職業高原中的中心化高原、動機高原和內容高原對內部工作滿意度有負面影響；職業高原的四個維度均對外部工作滿意度有負面影響。

　　第三，職業高原與離職傾向的關係。為了探討處於職業高原不同程度的人力資源管理者的離職傾向是否會顯著不同，本書同樣按照得分高、中、低分組方法將職業高原得分割分為高分組、中等得分組和低分組，對他們的離職傾向進行比較。比較結果顯示，較高的結構高原、內容高原、中心化高原和動機高原得分的人力資源管理者的離職傾向均較高，預示著職業高原得分越高，人力資源管理者的離職傾向越高。相關分析和迴歸分析的結果顯示，職業高原維度中的結構高原和內容高原會被納入對離職傾向的迴歸方程，且對離職傾向帶來正向影響，同時結構高原的影響要大於內容高原的影響，可見對企業人力資源管理者的離職傾向起到主要影響作用的職業高原因素是結構高原。

　　第四，組織支持感對職業高原和工作滿意度、離職傾向之間關係的仲介作用分析。這一部分首先通過相關分析，得出企業人力資源管理者的職業高原各維度與組織支持感各維度之間呈負相關關係；而組織支持感各維度和工作滿意度之間呈正相關關係；組織支持感和離職傾向之間呈負相關關係，但相關係數較低。進一步通過迴歸分析發現，組織支持感在職業高原和內部工作滿意度、外部工作滿意度和整體工作滿意度之間起到顯著的仲介作用，且發揮部分仲介作用。這說明職業高原不完全通過組織支持感作用於工作滿意度，職業高原對工作滿意度及其兩個維度有直接影響效應。而組織支持感在職業高原和離職傾向的關係之間沒有起到仲介作用，職業高原對離職傾向有直接的影響效應。

5.8　本章小結

　　本章首先通過預調研檢驗對企業人力資源管理者的組織支持感、工作滿意度和離職傾向問卷進行修訂，進而投入大樣本正式調查。通過實證調查的結果分析企業人力資源管理者職業高原、組織支持感、工作滿意度和離職傾向的整體狀況和它們之間的關係。分析結果顯示，企業人力資源管理者整體工作滿意

度處於中等偏上水平，組織支持感處於中等偏上水平，離職傾向處於中等偏下水平。職業高原會對工作滿意度產生負面影響，但其中結構高原對內部工作滿意度的影響不顯著。組織支持感在職業高原和工作滿意度之間的關係中起到了部分仲介作用。企業人力資源管理者的職業高原對離職傾向產生正向影響，其中結構高原和內容高原對離職傾向影響顯著，且結構高原對離職傾向起主要的影響作用。組織支持感在職業高原和離職傾向的關係中未起到仲介作用。除此之外，還得出了以下結論：組織支持感和工作滿意度正相關，且相關性較強；組織支持感與離職傾向負相關，但相關性不大。

6 人力資源管理者職業生涯發展對策建議

6.1 實證研究結果分析

本研究以企業人力資源管理者為研究對象,通過理論和實證研究方法分析了企業人力資源管理者的職業高原結構,形成了企業人力資源管理者職業高原的調查問卷,分析了影響人力資源管理者職業高原的因素以及職業高原和組織支持感、工作滿意度、離職傾向等變量之間的關係,驗證了本研究提出的一系列假設。本研究得出的主要結論包括:

(1) 根據文獻研究和理論分析,梳理了人力資源管理思想的發展歷程和企業人力資源管理者職業生涯發展的理論,在國內外研究者對職業高原結構進行探索的基礎之上建立了企業人力資源管理者職業高原的四維度結構,包括結構高原、內容高原、中心化高原和動機高原。根據探索性因子分析確定了職業高原的結構並形成有18個題項的職業高原調查問卷。該問卷經過項目分析、因子分析和信度、效度分析,表現出良好的心理測量特徵。在投入大樣本正式調查後,通過驗證性因子分析進一步證明該問卷具有良好的效度。確定了企業人力資源管理者職業高原的四維結構。

(2) 大樣本正式問卷調查結果顯示,企業人力資源管理者職業高原總體處於中等水平,說明企業人力資源管理者對職業高原的感知適中。在職業高原的四個構成維度上,企業人力資源管理者對結構高原的感知最強烈,處於中等偏上水平;對中心化高原、動機高原的感知其次;對內容高原的感知最輕。

(3) 通過分析人力資源管理者職業高原及其構成維度在人口學變量上的差異發現,人力資源管理者職業高原整體在年齡、工作年限、任職年限、學

歷、職位和企業性質上存在顯著差異，在性別和婚姻上不存在顯著差異。結構高原在年齡、工作年限、任職年限、學歷、職位和企業性質上存在顯著差異，在性別和婚姻上不存在顯著差異；內容高原在任職年限、學歷、職位和企業性質上存在顯著差異，在性別、年齡、工作年限和婚姻上不存在顯著差異；中心化高原在年齡、工作年限、任職年限、婚姻、學歷和職位上存在顯著差異，在性別和企業性質上不存在顯著差異；動機高原在年齡、工作年限、任職年限、婚姻、學歷、職位和企業性質上存在顯著差異，在性別上不存在顯著差異。總體來看，企業人力資源管理者的年齡越大、工作年限越長、任職年限越長、學歷越低、職位越低，其職業高原程度越高。而在國有企業、民營企業、外資企業和三資企業等幾種企業中，國有企業和民營企業人力資源管理者的職業高原程度相對較高。

(4) 通過對企業人力資源管理者的組織支持感、工作滿意度和離職傾向進行調查發現，企業人力資源管理者的工作滿意度處於中上水平，且內部工作滿意度要高於外部工作滿意度；企業人力資源管理者的組織支持感同樣處於中上水平，在組織支持感的四個構成維度中，同事支持最高，其次為工具性組織支持、主管支持，情感性組織支持相對最低；企業人力資源管理者的離職傾向處於中等偏下水平，說明企業人力資源管理者的離職傾向不是很高。

(5) 通過對人力資源管理者職業高原和工作滿意度、組織支持感、離職傾向之間的關係分析發現，職業高原會對工作滿意度產生負面影響。同時通過迴歸分析發現，對工作滿意度起最主要影響作用的職業高原維度是中心化高原，其次為動機高原、內容高原和結構高原。對內部工作滿意度起影響作用的職業高原維度重要性排序依次為中心化高原、動機高原和內容高原，結構高原對內部工作滿意度的影響不顯著。對外部工作滿意度起影響作用的職業高原維度重要性排序依次為中心化高原、結構高原、內容高原和動機高原。組織支持感在職業高原和工作滿意度之間的關係中起到了部分仲介作用，即在組織支持感的仲介作用下，職業高原對工作滿意度的負面影響會顯著降低。企業人力資源管理者的職業高原對離職傾向產生正向影響，其中結構高原和內容高原對離職傾向影響顯著，且結構高原對離職傾向起主要的影響作用。組織支持感在職業高原和離職傾向的關係中未起到仲介作用。除此之外，還發現組織支持感和工作滿意度正相關，相關性較強；組織支持感與離職傾向負相關，但相關性不大。

6.2 人力資源管理者職業生涯發展的對策建議

6.2.1 重視人力資源管理者的職業發展和職業高原問題

一般來講，企業人力資源管理者的職業發展道路是比較寬泛的。一個努力工作的人力資源管理者首先能開闊眼界，能夠有更多的機會接觸到最新、最強的管理理念和管理知識，是管理知識的第一受益人。同時，人力資源管理工作對從業的管理者自身素質要求很高。人力資源管理人員的溝通範圍，上至公司老總，下至普通員工，內與組織各個職能部門，外與管理諮詢公司、培訓機構等。其業務範圍，除了自身的員工招聘、薪酬福利、績效考核、職位設計、培訓等職能外，還要求熟悉組織的企業文化、戰略規劃、業務流程和勞動法規等。因此，人力資源管理者的綜合素質往往是比較高的，否則將很難勝任。

在目前或不久的將來，中國企業的發展需要企業的人力資源管理者完成管理角色的蛻變，由過去管理政策的執行者和人事管理的中心轉變為企業的經營戰略夥伴，為人力資源管理提供專業解決方案的行政專家，為員工提供所需支持和服務的員工支持者，以及為組織變革提供流程和技巧諮詢的變革推動者。角色轉變不僅意味著人力資源管理者所需勝任能力的改變，也意味著人力資源管理者的職業發展將出現前所未有的廣闊空間。人力資源管理者的職業發展方向將不僅是傳統意義上職位的晉升或者是崗位的橫向變動，更可能逐步向組織的核心靠近，在企業中承擔更加重要的管理職務，甚至是跨越專業的人力資源管理領域，成為企業的高層管理者或者創業者。但由於受到個人、組織和社會因素的影響，普通的特別是基層的人力資源管理者面臨與企業其他管理人員、知識員工同樣的職業高原現象。根據理論和實證分析，職業高原包括由組織結構設計原因造成的結構高原，由工作內容設計造成的內容高原，由組織重要任務安排情況所造成的中心化高原以及由人力資源管理者自身動機原因造成的動機高原。對於企業管理者來說，注重員工的職業發展是留人和激勵人的一個重要內容，而人力資源管理者作為企業人力資源管理工作的重要執行者，其本身的職業發展也應該受到企業管理的關注，他們在職業發展中遇到的職業高原問題值得管理者思考如何進行企業的工作設計和規劃員工的職業發展。

對於從事人力資源管理工作的員工，即企業的人力資源管理者個體來說，由於專業原因對自己的職業發展、職業規劃和職業發展中所遇到的問題應該更加具有敏感性，面對職業發展的瓶頸，應該更加能夠克服由於自身原因造成的

困境，並為組織的職業發展通道設計提出自己的專業意見。

6.2.2 從職業高原構成維度出發，降低員工的職業高原程度

從職業高原四個構成維度在職業高原整體中所占據的重要性來看，結構高原是職業高原的最主要因素，其次為動機高原、中心化高原和內容高原。說明企業要想避免員工職業高原現象的發生，首先需要做的是做好企業的職位規劃，設計通暢的員工職位晉升和變動通道，為企業員工的職業規劃提供建議和幫助。其次應該注意的是，員工自身在職業發展中的惰性可能會極大地影響到他們的職業發展狀況，因此應該調動員工工作的積極性，通過企業文化的宣揚和職業發展幫助計劃讓員工感受到職業發展的可能性和重要性。最後，在企業中是否有承擔重要工作的機會成為比工作內容更能影響員工職業高原感受的一個因素，說明如果能體會到自己被企業重視，能夠參與到企業的「主流」業務當中，即便承擔重複性的工作，員工也會獲得職業上的滿足感。因此，企業在進行工作設計的時候，可以衝破部門界限，發展多部門合作的項目團隊，讓員工體會到能夠得到公司的重視，這樣對他們來說也是一種職業成功的標誌。而對於內容高原而言，工作內容的豐富化、在職培訓、各種技能的培訓一直是企業員工管理中需要關注的問題。

對於企業人力資源管理者而言，通過實證調查發現，在職業高原的四個構成維度中，人力資源管理者的結構高原是最嚴重的（得分最高），且超過了平均水平，說明企業對人力資源管理者的客觀上的職業通道設計不能使人力資源管理者滿意，使他們體會到了在職位的晉升和變動中的困難。企業在未來對員工的職業發展管理方面仍然應該以職業通道設計為重。相對結構高原而言，中心化高原、動機高原和內容高原的得分均低於平均水平，說明人力資源管理者對這三個方面的高原感受不是很強烈。這一方面體現出隨著企業人力資源管理能力的提高，人力資源管理者的工作也越來越受到組織的重視，承擔組織重要工作、參與重要決策的機會也逐漸增加；另一方面說明人力資源管理者自身的職業發展主觀意願比較強烈，而人力資源管理工作本身也由於其複雜性、所需技能的綜合性給企業的人力資源管理者自身能力提高帶來機會。

6.2.3 從影響職業高原的因素出發，關注特定群體的職業高原問題

從職業高原及其構成維度在人口學變量上的差異的實證分析中可以看出，易產生職業高原的人力資源管理者集中在具有年齡相對高、工作年限相對長、任職年限相對長、學歷相對低而職位也相對低等特徵的群體身上，而職位變

动、上升的困难和难以被组织核心所接受的困境也会造成人力资源管理者个人职业发展动机的降低。这说明尽管企业人力资源管理者整体的职业高原现象不是非常严重，但是具体到不同特征群体上，仍然会面对职业发展的困难。而人力资源管理者作为企业人力资源管理工作的重要承担群体，如果他们自己的职业发展都会成为困难，这也会体现出该企业在员工职位设计方面的缺憾，同时体现出企业对人力资源管理工作本身缺乏重视。因此，企业在进行职位设计时，应该特别关注具有以上特征的特定群体，调动他们的工作积极性，发挥他们在岗位和专业上的工作经验，克服职业高原产生的负面影响。同时，本研究在实证调查中发现，国有企业和民营企业人力资源管理者的职业高原水平要高于外资企业和合资企业人力资源管理者的职业高原水平，特别是国有企业人力资源管理者的结构高原、动机高原和内容高原都要比其他类型企业中人力资源管理者的职业高原维度的程度要高。这说明国有企业、民营企业和外资企业、合资企业相比，其人力资源管理水平、组织设计、员工晋升渠道开发和员工职业发展帮助计划等方面还有待进一步提高。同时国有企业虽然在改革中推行了现代企业制度，但在员工晋升制度、职位安排设计方面还有待进一步加强。

从人力资源管理者自身的角度来说，做好自己的职业发展规划，提高自身的专业水平和能力，为企业提供专业的人力资源管理咨询也是避免自身面对职业高原的方式。人的职业生涯发展一般包括以下几个阶段。①起步阶段。从学校毕业后的第一个5~6年，个人开始慢慢瞭解社会及学习工作的方法，建立自己的社会关系和信誉度。大多数人在这个阶段往往雄心勃勃、非常自信（有些自负），许多事情都在尝试阶段，薪酬水平也较低。但现实常令他们感到失望，自然也谈不上有什么可以炫耀的成绩了。个人在这个阶段应脚踏实地地学习实践知识，有意交往一些前辈（有水准的），不断总结经验教训，找出自己的优势项目，挖掘自身潜力，为今后的发展打下良好的基础。②成长阶段。在第二个5~7年，你已经熟悉了一个领域，有一定的专业水准，不论职位及水平都处于逐步向上提升中，薪酬水平也在逐渐提高。同时你的机会也较多，跳槽的可能性较大，若机会把握好，将为下阶段的加速提升创造良好的平台。此阶段你要对专业知识十分熟悉（属于知识大补阶段），对它的发展方向要有前瞻性的认识，同时开始形成自己的专业人际网路，拓展自己的人脉关系网——特别是33~40岁的人士，你的人脉竞争力要十分强劲（这是你的优势项目），只有这样才能为个人下阶段的提升打下坚实的基础。③成熟阶段。此阶段可能会持续相当长时间，这要因人而异。你的职位及专业水准达到或即将达到你的最高点，事业基本有成，或达到了一个大家公认的较高水平（专家

級)。這時你做任何事情,更多的是依靠你的經驗,考慮問題所受到的牽扯較多,對薪酬的要求大大增加,相反你的求知欲正在逐步地減退。④即將退休階段。退休前的3~5年,隨著薪水和地位達到個人人生最高點,你開始逐漸失去工作的願望,並為退休后的悠閒生活考慮了。從實證調查來看,人力資源管理者的職業高原通常出現在職業發展的第二個和第三個發展階段。從學歷對職業高原的影響來看,高學歷仍然是企業所青睞的,因此作為學歷水平未及本科的人力資源管理者應該提高自身學歷水平,追求更高層次的學歷培訓,不僅能夠為自身帶來職業發展的機會也是提高學識和專業水平的有利途徑。

6.2.4 發揮組織支持感的仲介作用,降低職業高原產生的負面影響

如何提高員工的工作滿意度、降低離職傾向一直是企業發展中面臨的一個現實問題。而隨著企業對職業高原現象的關注,職業高原帶來的負面影響也成為企業管理領域的一個重要問題。過去管理領域的研究更多關注的是員工對組織的承諾,而忽略了與之相對應的組織對員工的支持。本研究的實證研究發現,對於企業人力資源管理者來說,提高組織支持感能夠顯著降低職業高原帶來的工作滿意度的降低程度,同時組織支持感對內部和外部工作滿意度均具有正向的影響作用,而和離職傾向具有負向的相關性。因此,使員工感受到組織對自己情感上的關心,能夠為自己的工作提供現實的幫助,體會到來自主管和同事的關心和幫助都可以有效地降低職業高原對工作滿意度帶來的負面影響,提高員工的工作滿意度,使員工安心在組織內為組織創造更多的財富和價值。

對於企業人力資源管者來說,實證調查顯示,他們的工作滿意度和組織支持感要高於平均水平。這說明大多數企業能夠為人力資源管理者和他們的工作提供有利的情感和工具上的支持,而人力資源管理者自身周圍的工作氛圍也相對和諧,使他們能夠體會到來自同僚和上司的關心。因此,即便面對職業發展上的瓶頸期,他們也能夠擁有相對高的工作滿意度。因此,未來企業在探索如何提高員工工作滿意度時,除了考慮為員工開拓合理的晉升和崗位變動渠道,豐富工作內容,對員工的職業發展進行合理的引導外,還需要考慮為員工創造和諧的工作環境,為員工提供情感上的支持,提供方便工作的有利環境,通過企業文化建設創造和諧融洽的工作團隊。這些措施均有利於人力資源管理者工作滿意度的提高,也有利於他們更好地服務於企業的人力資源管理工作。

從員工個體的角度來看,雖然從客觀上來看,難以決定組織的職業通道設計,但是可以通過有方向的自我的職業規劃,獲得事業上的發展。作為人力資源管理者,從主觀方面認識到人力資源管理在企業中的重要地位,有意識地主

動承擔重任，不斷豐富自己的專業知識和學識，不僅要熟悉人力資源管理專業知識，同時也要對企業生產經營、戰略發展等其他方面的知識有所涉獵，這樣才能夠為組織的經營決策提供專業建議。人力資源管理者較低的離職傾向也體現出作為人力資源管理這個職業，其職業發展的組織依賴性要比其他技術類、行銷類等崗位強。因此，他們相對的離職成本要高，跳槽的機會要相對少，做好長遠的職業發展規劃就顯得更為重要。

6.3 改善企業人力資源管理工作的政策建議

從以上分析可以看出，無論是從企業管理的角度還是從人力資源管理者個人角度都應當對職業高原予以重視。企業人力資源管理者職業高原的四個構成維度——結構高原、內容高原、中心化高原和動機高原既因企業管理上的原因造成，也受到員工個人心理因素影響。而職業高原的重要性也體現在它會對員工的工作滿意度、離職傾向造成負面影響，進而影響企業的人力資源管理工作。本書的理論分析和實證研究成果，可以給企業未來的人力資源管理工作帶來如下的政策建議：

6.3.1 開發職業高原的正面意義，重新塑造企業員工的職業價值觀

從傳統企業文化理念來看，企業對員工最大的激勵就是職位的晉升，而員工也將此作為體現自身職業成功的重要標誌。這種傳統的以晉升為標準的職業價值觀不僅給員工帶來了巨大的壓力，也使組織由於「彼得原理」造成不能勝任者位居高位的狀況。本書實證研究結果——企業人力資源管理者的職業高原會對工作滿意度和離職傾向產生負面影響——支持了這一觀點。但事實上，員工的職業發展還可以包括工作的橫向變動、被組織賦予更多的責任、向著組織核心方向發展等其他發展方式。人們對於職業高原概念的理解不應該僅僅局限於其「負面」含以上。Ference曾總結出「有效的高原」和「無效的高原」。對於企業管理實踐來說，「有效的高原」就是「下不來」的高原，在這樣的高原上，員工對自身的工作非常熟悉，能夠得心應手、從容應對，獲得相應的高績效，這樣的「高原」是組織應該提倡和推崇的。處於這一職業高原期的員工也不必有職位晉升的壓力，而是應該好好享受「高原風光」。而另一種「無效的高原」則是一種「上不去的高原」，即低水平的高原。處於這種高原期的員工工作績效低，感受不到職業成功的滿足感。這才是企業和員工應該規避的

職業高原。因此，企業需要重新塑造員工的職業價值觀，促進員工達到「有效的高原」，避免「無效的高原」，改變員工對職業高原和職業成功的固有看法，而不僅僅關注於職業高原的負面影響，將職業成功簡單定義為獲得職位上的晉升。

6.3.2 從職業高原四個構成維度出發，建立多樣化的職業發展路徑

無論是傳統的職位晉升還是職位的橫向變動，都會將員工的職業發展局限於某個職位發展通道。而建立多樣化的職位發展路徑，是要讓員工瞭解職位發展的多樣化和靈活性，而不僅僅是傳統意義上的論資排輩。職業高原的四個構成維度意味著員工在職位的晉升和橫向變動、工作內容的豐富化、向組織核心方向發展以及自身的職業發展動機方面都有可能遇到各種障礙，建立多樣化的職業發展路徑能夠在某種程度上消除或者降低這些障礙的影響程度。

多樣化的職業發展路徑包括三個方面：第一，職位的橫向發展路徑。職業高原的第一個構成維度是結構高原，結構高原不僅意味著員工在傳統的縱向職位晉升上受阻，也包括員工在橫向的職位變動上受阻。這兩種職業發展方向上的障礙都會使員工體會到職業高原。因此，職位的橫向發展也是一種重要的職業發展路徑。橫向職位發展不局限於員工的專業領域，只要員工符合企業的任職要求，也可以衝破專業限制轉向其他專業領域。例如對於人力資源管理者來說，不僅可以在人力資源管理領域進行職位的橫向調動，由招聘專業崗位調動到培訓專業崗位，由績效管理崗位調動到員工管理崗位，也可以根據自己的性格特點和興趣愛好轉戰到企業的行銷、採購等領域。只要員工具備這樣的能力，企業就應該為員工提供機會。第二，雙重職業發展路徑。雙重職業發展路徑往往由管理崗位發展路徑和技術職能發展路徑組成。員工在職位或技能提高的同時也伴隨著向組織核心方向發展的趨勢。因此，企業開闢雙重職業發展路徑，是有效規避員工結構高原、內容高原和中心化高原的有效方式。以往，雙重的職業發展路徑通常被運用於技術人員身上，而對於企業的行政管理崗位，通常的職業發展只有職位的晉升這一條職業發展路徑。隨著人力資源管理專業化程度的提高，企業人力資源管理者也有機會通過專業知識、能力的提升獲得在人力資源管理領域的專業技能的提高。而企業可以據此為人力資源管理者設計管理領域和技術職稱領域的雙重職業發展路徑，為他們提供多樣化的職業發展方向。隨著人力資源管理外包的發展，企業的人力資源管理者也有機會走出企業，成為更加專業的人力資源管理諮詢師，甚至是成為合夥人或創辦自己的人力資源管理諮詢公司，這為人力資源管理者的職業發展開闢了新的道路。第

三，網狀職業發展路徑。無論是縱向的職業發展路徑還是橫向的職位變動，通常都是線性的職業發展方向，而網狀的職業發展路徑拓寬了員工的職業發展方向，如在縱向發展的基礎上增加橫向發展甚至是突破企業邊界發展，或是增加破格晉升、破格錄用的機會，使企業員工的職業發展更具靈活性。企業如果能夠打通多渠道的職業發展路徑，並配合職業價值觀的重新塑造，也會在某種程度上降低員工動機高原發生的可能性。

6.3.3 關注人力資源管理者中的特定群體，幫助人力資源管理者完成角色轉變

企業人力資源管理者面臨成為戰略執行的合作者、行政管理專家、員工夥伴、變革推崇者的新角色，這種角色的轉變對人力資源管理者的能力提出了新的要求，同時也為人力資源管理者的職業發展提供了新的空間和機會。從職業高原及其構成維度在人口學變量上的差異的實證分析中可以看出，易產生職業高原的人力資源管理者集中在具有年齡相對高、工作年限相對長、任職年限相對長、學歷相對低而職位也相對低等特徵的群體身上。因此，企業幫助人力資源管理者順利完成管理角色的轉變，更需要關注這些易於面臨職業高原的群體。完成角色轉變不僅需要人力資源管理者自覺學習勝任新角色所應具備的知識和技能，更需要企業為他們提供完成角色轉變的機會以及相應的培訓機會。

首先，在工作設計方面，重新設計人力資源管理者的工作範圍和工作內容，相應提出新的任職要求。通過工作設計讓人力資源管理者參與到公司治理、企業變革當中，讓他們提供企業發展所需的人力資源計劃和相應的應對措施；提高人力資源管理者成為行政專家的能力，使人力資源管理部門成為企業人才信息收集、整理和發布的專家中心，使人力資源管理者成為為企業其他部門提供人力資源管理相關知識內部諮詢服務的專業人士；建立人力資源管理者和企業員工的良好關係，以調研、報告和員工調查等形式瞭解員工的真實情況，鼓勵員工建立、維護工作團隊，使人力資源管理者成為員工的代言人，保證員工對組織的全身心投入和組織忠誠；成為變革推動者要求人力資源管理者不再是單槍匹馬地工作，而是需要組建自己的高效工作團隊，以提高適應和把握變化的組織能力，促進和確保公司變革方案的執行和實施；針對易於產生職業高原的群體，讓年長、工作年限長、任職年限長而又具備豐富人力資源管理實踐工作經驗的員工，發揮傳、幫、帶的作用，成為人力資源管理團隊中的諮詢師，成為年輕人力資源管理者的指導者，在讓其發揮經驗長處的同時獲得職業滿足感，降低職業高原程度。

其次，在培訓方面，職業高原在某種程度上能夠反應出員工在知識結構和自身工作能力方面的老化，特別是那些學歷相對低的人力資源管理者，會因為學歷原因面臨更加嚴峻的職業高原現象，因此職業高原反應出企業對員工進行專業能力培訓方面的不足。員工能力的提高可以通過多種形式的培訓獲得，為人力資源管理者提供幫助其進行角色轉變的培訓，是改善其職業高原的有效措施。如增加關於企業戰略、變革、信息管理、調查研究和團隊合作等方面的培訓內容，以及配合人力資源管理者職業發展興趣的各種培訓。對於學歷處於專科及以下的人力資源管理者，通過員工政策激勵他們提高學歷，或完成相應的在職培訓，提高他們的工作能力，使他們能夠更加適應現代人力資源管理的要求，擺脫職業高原帶來的困擾。

6.3.4 探索提高企業人力資源管理者工作滿意度、組織支持感，降低離職傾向的措施

本書實證研究證明，在職業高原的四個構成維度當中，對工作滿意度產生負面影響的因素排序依次為中心化高原、動機高原、內容高原和結構高原。其中，中心化高原起到了非常重要的影響作用。這說明對於企業人力資源管理者來說，能夠感受到組織的重視、參與到組織的核心決策當中比獲得晉升和工作的豐富化更能帶來工作的滿足感。特別是內部工作滿意度與人力資源管理者是否能夠獲得職位上的升遷和變動並無相關性。因此，企業應當探索人力資源管理者參與決策的措施，鼓勵人力資源管理者發揮才智和專業能力，提出合理化建議。具體措施可以包括：一是對人力資源管理者參與管理制度進行有效宣傳，得到員工特別是人力資源管理者團隊的普遍認同，有利於政策的貫徹和執行。二是授權，即企業給予人力資源管理者參與管理、做出決策的權力和相應的企業信息，包括企業內外部的短期規劃、業務調整、競爭對手情況等資料和數據，把企業信息即時傳遞給人力資源管理者作為決策參考。三是提高人力資源管理者自身的知識水平、完善他們的知識體系。人力資源管理者參與管理、做出決策的質量取決於自身的知識體系和獲得信息的有效性，因此具備與做出決策相適應的能力是能夠有效參與決策的關鍵。四是給予相應的報酬。對於給出有效策略的員工，報酬是企業對員工參與管理過程做出決策的認可和肯定，如果光有付出而沒有回報只會挫傷員工參與管理的積極性。同時，企業也可以通過選舉某些人力資源管理代表的方式讓他們參與到企業的重要決策制定過程當中，以此發揮人力資源管理者的戰略管理新角色。

對人力資源管理者的離職傾向造成影響的實證研究結果顯示，職業高原構

成維度中的結構高原和內容高原發揮了主要作用,而中心化高原和動機高原並未被納入對離職傾向影響的迴歸模型當中。企業人力資源管理者由於其工作直接面對企業大量的員工,如果連這一崗位都具有較高的人員流動性,對企業帶來的負面影響將是加倍的。實證研究結果說明,能夠造成人力資源管理者是否離開企業的主要因素仍然是晉升渠道的通暢與否以及工作內容的豐富化程度和獲得新知識、新能力的可能性。因此,前文提到的建立多樣化的職業發展路徑、進行工作的內容的重新設計,不僅是幫助人力資源管理者降低職業高原、進行管理角色轉變的措施,也是降低人力資源管理者離職傾向的可靠方式。

本書的實證研究證明,除了降低人力資源管理者的職業高原會增加他們的工作滿意度、降低離職傾向外,組織支持感的提高也有利於職業高原對工作滿意度帶來的負面影響的降低。而近年來研究者對組織支持感的關注也證明,關注員工的組織支持感對企業的實際工作具有重要意義。而人力資源管理崗位既代表員工又代表企業的身分的特殊性也使得提高其組織支持感對企業的意義更為重大。組織支持感包括工具性組織支持、情感性組織支持、主管支持和同事支持,因此,提高組織支持感包括提供多維度的組織支持。工具性組織支持和員工的工作任務密切相關,組織需要為員工的工作提供必要的工作條件。對於人力資源管理者來說,他們屬於企業的知識員工,他們工作的完成需要企業相應的資料、設備以及其他人員的支持,而在企業人力資源管理者角色轉變的情況下,企業不僅需要為他們提供完成傳統行政事務的條件,也要為他們提供例如關於企業的戰略發展規劃、改革方案等方面內容的資料,需要為他們提供來自企業高層領導的支持。情感性的組織支持在人力資源管理者的組織支持感中的地位尤為重要。如果人力資源管理者與企業沒有建立積極的心理契約,將會影響到企業整體的人力資源管理工作。企業一方面需要尊重人力資源管理者個人的需求和價值觀,另一方面也要尊重人力資源管理工作本身。例如,借助企業外部資源為人力資源管理者提供職業生涯規劃和發展方面的培訓,在企業進行人事決策或經營決策時為人力資源管理者提供表達其專業意見的機會,關注人力資源管理者自身的福利狀況等。主管支持和同事支持的提高依賴於人力資源管理團隊成員整體素質的提高,不同職位、階層的管理者,包括企業高管都需要瞭解並支持企業的人力資源管理工作和人力資源管理管理者。同時進行人力資源管理團隊建設,增加團隊凝聚力,發揮人力資源管理團隊在企業管理中的積極作用。

6.4 研究局限及研究展望

職業高原是一個多學科交叉的研究領域，逐漸成為研究者們關注的一個研究熱點，因此許多問題還有待研究者們探索。本研究以企業人力資源管理者為研究對象，對他們的職業高原以及職業高原的影響因素，職業高原對結果變量的影響進行了探究，但還有許多問題值得進一步的探討和檢驗。鑒於受到研究時間、條件、資源和精力的限制，本研究存在以下局限：

第一，在樣本的收集上主要採用了專業調查網站和部分紙質問卷回收的方式，雖然採用了一定的方式避免答卷者填答問卷的不真實性，但這種自述式的答題方式本身所獲得問卷的有效性仍然會受到影響，因此在樣本是否具有代表性以及回答問題的真實可靠性方面仍不能完全保證。在今後的研究中可以選擇擴大樣本量、採用更加有效的回收問卷方式對本研究的結論進行進一步的檢驗。

第二，本研究探討了人口學變量中的性別、年齡、工作年限、任職年限、婚姻狀況、學歷、職位和企業性質等因素對職業高原的影響作用。從文獻研究中可以發現，個人職業動機和人格特徵等其他因素也會對職業高原產生影響，本書受研究者研究精力和條件限制沒有考慮影響職業高原的更加全面的因素。今後的研究可以進一步擴充對職業高原造成影響的因素研究，進一步探索職業高原的產生機理。

第三，本研究在對職業高原和工作滿意度、離職傾向的關係進行研究時，加入了組織支持感這一仲介變量，並發現了組織支持感在職業高原和工作滿意度的關係中起到了部分仲介作用。而除了組織支持感外，職業高原和工作滿意度、離職傾向之間的關係還可能受到其他變量的影響，如組織承諾、指導關係、自我效能感等因素，這些中間變量是否會對職業高原和工作滿意度、離職傾向之間的關係造成影響以及造成怎樣的影響也可以成為未來的研究方向。

綜上所述，在未來的職業高原研究領域，還可以進行以下方面的研究：

第一，擴大樣本的研究範圍。本研究得出的職業高原維度是在對企業人力資源管理者進行職業高原探究時所得出的結論，未來研究可以將此維度職業高原的研究運用於企業其他管理人員和知識型員工，以檢驗職業高原的四維結構是否具有普遍性。還可以通過企業人力資源管理者與企業其他管理人員職業高原的對比研究，進一步發現人力資源管理者職業高原的特殊性。同時，本研究

收集的調查問卷是橫向數據，可以進一步通過縱向研究收集更多的數據進行深入探討，研究職業高原和其他變量之間是否具有因果關係。

第二，進一步探索職業高原的影響因素，探尋職業高原的形成機制。在職業高原的影響因素研究方面，可以進一步加入員工個人的職業動機、人格特徵等因素。同時，本書只關注了影響職業高原的個人因素和部分組織因素，除此之外職業高原也會受到其他組織因素，如組織規模、組織結構和管理策略以及社會因素的影響，進一步探索這些影響因素，對全面瞭解職業高原的形成具有重要意義。

第三，對影響職業高原和工作滿意度、離職傾向關係的仲介機制進行進一步的研究，探索職業高原影響結果變量的仲介機制。本研究發現組織支持感在職業高原和工作滿意度之間起到了仲介作用，但在職業高原和離職傾向的關係中並未發揮仲介作用。在未來的研究中，可以進一步討論存在於職業高原和離職傾向之間的中間變量，如自我效能感、指導關係等因素對職業高原和結果變量之間的關係中是否發揮著仲介作用。

附　　錄

企業人力資源管理者職業高原現象問卷調查

各位先生、女士：

　　您好！這是一份學術性的問卷，探討企業人力資源管理者職業生涯發展及職業高原現象，希望能獲得您的支持與協助。本問卷總共75道問題，主要想瞭解您對工作上許多問題的看法，因此煩請您仔細閱讀每一項敘述，並在適當的答案欄圈選。

　　本問卷各個題項與答案並無對與錯之分，而您所填答案僅供整體統計分析之用，決不個別處理或公開發表，資料絕對保密，且不須填寫個人姓名，敬請放心填答。

　　十分感謝您的協助及對本研究的支持。

　　敬祝身體健康、萬事如意！

首都經貿大學工商管理學院
研究者：李沫

答題前請先閱讀填寫說明

　　1. 本調查問卷分三部分，第一部分是關於您對於個人職業發展和工作環境中相關問題的看法；第二部分是您對工作中相關狀況的滿意程度的看法；第三部分是個人基本情況調查。

　　2. 請您在適當的選項上用「V」選擇一個最符合您在一般情形下最直接的想法、感覺或行為的選項。如果是電子版，請把您選擇的字體顏色改為紅色。

　　3. 本問卷並非測驗，沒有標準答案，任何問題的答案均無「對」「錯」「好」「壞」之分。我們所要瞭解的是您真實的狀態和感受。您根據自己的實際情況如實填寫即可。

　　4. 如有任何疑問，請與我們聯繫。

　　聯繫方式如下：

　　聯繫人：李沫

　　E-mail：limobaoer@sohu.com

第一部分：您對個人職業發展和工作環境中相關問題的看法

說明：下述問卷中，字母 A 代表「非常不同意」，字母 B 代表「比較不同意」，字母 C 代表「有點不同意」，字母 D 代表「有點同意」，字母 E 代表「比較同意」，字母 F 代表「非常同意」。請在最符合您意願的字母選項上打「√」（電子版問卷填寫者，請您直接將所選項標紅或加下劃線並加粗）。

序號	問題	非常不同意	比較不同意	有點不同意	有點同意	比較同意	非常同意
1	在本公司，我不可能獲得一個更高的職別或職稱	A	B	C	D	E	F
2	目前這份工作可以開闊我的視野	A	B	C	D	E	F
3	目前這份工作能進一步豐富我的工作技能	A	B	C	D	E	F
4	在當前的組織內，我升遷的機會非常有限	A	B	C	D	E	F
5	在目前工作中，我能獲得更多的組織資源	A	B	C	D	E	F
6	在今後不久的一段時間內，我能夠被提拔到一個更高層次的崗位	A	B	C	D	E	F
7	由於工作性質和職務設計等原因，我近 5 年內橫向調動的可能性很小	A	B	C	D	E	F
8	我當前的工作能讓我有機會學習和成長	A	B	C	D	E	F
9	我的工作缺乏挑戰性	A	B	C	D	E	F
10	我的工作需要我不斷地擴展我的能力和知識	A	B	C	D	E	F
11	在本公司，我還能得到上級的不斷提拔	A	B	C	D	E	F
12	在本公司，我將要升職的可能性很小	A	B	C	D	E	F
13	當前工作很難使我獲得新的工作經驗	A	B	C	D	E	F
14	對於我來說，我的工作任務和活動已變成重複性勞動	A	B	C	D	E	F
15	我工作主動性明顯下降	A	B	C	D	E	F
16	我不願再接受有挑戰性的任務	A	B	C	D	E	F
17	我的上級不會賦予我更多的工作權力	A	B	C	D	E	F
18	我提出的有關公司的工作意見或建議，會受到領導的重視	A	B	C	D	E	F
19	在目前工作中，我有機會參與組織問題解決過程	A	B	C	D	E	F
20	在目前工作中，我有機會參與公司的決策、計劃制訂	A	B	C	D	E	F

續表

序號	問題	非常不同意	比較不同意	有點不同意	有點同意	比較同意	非常同意
21	在本公司,我已經升到了我難以再繼續上升的工作職位	A	B	C	D	E	F
22	我更希望把精力投給家庭,而不是工作	A	B	C	D	E	F
23	在本公司,我常能承擔更大責任的任務	A	B	C	D	E	F
24	上級常讓我負責一些重要的事物	A	B	C	D	E	F
25	我不願意爭取升職,因為升職要承擔更多的責任	A	B	C	D	E	F
26	我對自己的工作不自信	A	B	C	D	E	F
27	我寧願保持現狀,也不願冒險或嘗試新事物	A	B	C	D	E	F
28	我不喜歡和同事競爭以獲取升職的機會	A	B	C	D	E	F
29	組織關心我的福利	A	B	C	D	E	F
30	組織尊重我的意見	A	B	C	D	E	F
31	當我在工作中遇到困難時,組織會幫助我	A	B	C	D	E	F
32	當我在生活上遇到困難時,組織會盡力幫助我	A	B	C	D	E	F
33	組織尊重我的目標和價值	A	B	C	D	E	F
34	組織關心我的個人發展	A	B	C	D	E	F
35	組織關心我的個人感受	A	B	C	D	E	F
36	組織會盡力為我提供良好的工作環境和條件設施	A	B	C	D	E	F
37	組織會盡力為我提供工作所需的人員和信息支持	A	B	C	D	E	F
38	組織會盡力為我提供工作所需的培訓或相關支持	A	B	C	D	E	F
39	我的主管願意傾聽我工作中遇到的問題	A	B	C	D	E	F
40	我的主管關心我的福利	A	B	C	D	E	F
41	當我遇到困難時,會從我的主管那裡得到幫助	A	B	C	D	E	F
42	我的同事願意傾聽我工作中遇到的問題	A	B	C	D	E	F
43	我的同事對我的工作幫助很大	A	B	C	D	E	F
44	當我遇到困難時,同事願意提供幫助	A	B	C	D	E	F
45	我常常想到辭去目前的工作	A	B	C	D	E	F
46	我考慮有一天我可能會離開本公司	A	B	C	D	E	F
47	我會尋找其他工作機會	A	B	C	D	E	F

第二部分　您對工作中相關狀況的滿意程度的看法

說明：下述問卷中，字母 A 代表「非常不滿意」，字母 B 代表「比較不滿意」，字母 C 代表「有點不滿意」，字母 D 代表「有點滿意」，字母 E 代表「比較滿意」，字母 F 代表「非常滿意」。請在最符合您意願的字母選項上打「∨」（電子版問卷填寫者，請您直接將所選項標紅或加下劃線並加粗）。

序號	問題	非常不滿意	比較不滿意	有點不滿意	有點滿意	比較滿意	非常滿意
48	我有獨立工作的機會	A	B	C	D	E	F
59	在工作中，我有自己做出判斷的自由	A	B	C	D	E	F
50	我可以按自己的方式、方法完成工作	A	B	C	D	E	F
51	在工作中，我時常有做不同事情的機會	A	B	C	D	E	F
52	在工作中，我有充分發揮能力的機會	A	B	C	D	E	F
53	在工作中，我有為他人做事的機會	A	B	C	D	E	F
54	我能從工作中獲得成就感	A	B	C	D	E	F
55	我有成為工作團隊中重要人物的機會	A	B	C	D	E	F
56	我總能保持一種忙碌的狀態	A	B	C	D	E	F
57	在工作中，我有告訴其他人做些什麼事情的機會	A	B	C	D	E	F
58	這個工作能讓我做不違背良心的事情	A	B	C	D	E	F
59	目前的工作可以給我帶來一種穩定的雇傭關係	A	B	C	D	E	F
60	目前的公司能給我提供職位晉升機會	A	B	C	D	E	F
61	工作表現出色時所獲得的獎勵	A	B	C	D	E	F
62	在工作中，老板對待他（她）下屬的方式	A	B	C	D	E	F
63	上級的決策勝任能力	A	B	C	D	E	F
64	公司政策實施方式	A	B	C	D	E	F
65	公司提供的報酬和分配的工作量	A	B	C	D	E	F
66	在工作中，同事之間的相處方式	A	B	C	D	E	F
67	公司提供的工作條件	A	B	C	D	E	F

第三部分　個人基本資料

說明：本部分是關於您個人和所在單位的一些基本信息，請您在相應選項的方框內打「√」。

68. 您的性別：(1) 男□　(2) 女□

69. 您的年齡：(1) 18~25 歲□　(2) 26~30 歲□　(3) 31~40 歲□
(4) 41~50 歲□　(5) 51 歲以上□

70. 您在當前企業工作已有：
(1) 4 年以下□　(2) 5~10 年□　(3) 11~15 年□　(4) 16~20 年□
(5) 21 年以上□

71 您在當前職位上工作的時間為：
(1) 1~3 年□　(3) 3~5 年□　(4) 5~8 年□　(5) 大於 8 年□

72. 婚姻狀況：
(1) 未婚□　(2) 已婚□　(3) 離異□　(4) 分居□　(5) 喪偶□

73. 您的最高學歷：
(1) 大學專科以下□　(2) 大學專科□　(3) 大學本科□
(4) 碩士及以上□

74. 您的職位是或者相當於是：
(1) 普通職員□　(2) 基層經理□　(3) 中層經理□
(4) 高層經理□

75. 您所在企業的性質：
(1) 國有企業□　(2) 民營企業□　(3) 外資企業□　(4) 合資企業□
(5) 其他□

參考文獻

[1] ABRAHAM K G, MEDOFF J L. Length of service and promotions in union and nonunion work group [J]. Industrial and Labor Relations Review, 1985 (38).

[2] ALLEN T D, POTEET M L, RUSSELL J E A. Attitudes of managers who are more or less career plateaued [J]. Career Development Quarterly, 1998 (47).

[3] ALLEN T D, RUSSELL J E A, POTEET M L, et al. Learning and development factors related to perceptions of job content and hierarchical plateauing [J]. Journal of Organizational Behavior, 1999 (20).

[4] APPELBAUM S H, FINESTONE D. Revisiting career plateauing [J]. Journal of Managerial Psychology, 1994, 9 (5).

[5] ARMSTRONG STASSEN M. Factors Associated with Job Content Plateauing among Older Workers [J]. Career Development International, 2008, 13 (7).

[6] BARDWICK J M. The Plateauing Trap [M]. Toronto: Bantam Books, 1986.

[7] BAIK J. The influence of career plateau types on organizational members' attitude [D]. Sogang University, 2001.

[8] BARDWICK J. SMR Forum: Plateauing and Productivity [J]. Sloan Management Review, 1983.

[9] BAKER P M, MARKHAM W T, BONJEAN C M, et al. Promotion interest and willingness to sacrifice for promotion in a government agency [J]. Journal of Applied Behavioral Science, 1988 (24).

[10] BENJAMIN P FOSTER, TRIMBAK SHASTRI, SIRINIMAL WITHANE. The Impact Of Mentoring On Career Plateau And Turnover Intentions Of Management Accountants [J]. Journal of Applied Business Research, 2009, 20 (4).

[11] BURKE R J. Examining the career plateau: Some preliminary findings

[R]. Psychological Report, 1989 (65).

[12] BUCHKO A. Employee Owerership, Attitudes and Turnover: An Empirical Assessment [J]. Human Relations, 1992 (45).

[13] BURKE R J, MIKKELSEN A. Examining the Career Plateau Among Police Officers [J]. International Journal of Police Strategies and Management, 2006, 29 (4).

[14] CARRIE S MCCLEESE, LILLIAN T EBY, ELIZABETH A SCHARLAU, et al. Hoffman. Hierarchical, job content, and double plateaus: A mixed-method study of stress, depression and coping responses [J]. Journal of Vocational Behavior, 2007 (71).

[15] CARNAZZA J P, KORMAN A K, FERENCE T P, et al. Plateaued and non-plateaued managers: Factors in job performance [J]. Journal of Management, 1981, 7 (2).

[16] CHAO G T. Exploration of the conceptualization and measurement of career plateau: A comparative analysis [J]. Journal of Management, 1990 (16).

[17] CHOY M R, SAVERY L K. Employee plateauing: some workplace attititudes [J]. Journal of Management Development, 1998, 17 (6).

[18] CLARK J W. Career Plateaus in Retail Management. Proceedings of the Annual Meeting of the Association of Collegiate [J]. Marketing Educators, 2005.

[19] CONNER JILL, ULRICH DAVE. Human Resource Roles: Creating Value, Not Rhetoric [J]. Human Resource Planning, 1996, 19 (3).

[20] DUFFY, JEAN ANN. The Application of Chaos Theory to the Career-Plateaued Worker [J]. Journal of Employment Counseling, 2000, 37 (4).

[21] EDGAR H SCHEIN. The Individual, the Organization, and the Career: A Conceptual Scheme [J]. Journal of Applied Behavioral Science, 1971.

[22] EISENBERGER R, HUNTINGTON R, HUTCHISOM S, et al. Perceived Organizational Support [J]. Journal of Applied Psychology, 1986 (2).

[23] ELIOT FREIDSON. The Professions and Their Prospects [M]. London: Sage Publications, 1973.

[24] ELIZABETH LENTZ. The Link between the Career Plateau and Mentoring - Addressing the Empirical Gap [D]. University of South Florida, 2004.

[25] ETTINGTON D R. How Human Resource practices can help plateaued managers succeed [J]. Human Resource Management, 1997, 36 (2).

[26] ETTINGTON D R. Successful career plateauing [J]. Journal of Vocational Behavior, 1998 (52).

[27] EVANS M G, GILBERT E. Plateaued managers: their need gratifications and their effort-performance expectations [J]. Journal of Management Studies, 1984 (21).

[28] FERENCE T P, STONER J A, WARREN E K. Managing the career plateau [J]. Academy of Management Review, 1977 (2).

[29] FELDMAN D C, B A WEITZ. Career plateaues reconsidered [J]. Journal of Management, 1988 (14).

[30] FISHBEIN M, AJZEN I. Belief, Attitude, Intention, and Behavior: An Introduction to Theory and Research [M]. Reading, MA: Addison-Wesley, 1975.

[31] GERPOTT T, DOMSCH M. R&D professionals' reactions to the career plateau: An exploration of the medicating role of supervisory behaviors and job characteristics [J]. R&D Management, 1987 (17).

[32] GOULD S, PENLEY L E. Career strategies and salary progression: A study of their relationships in a municipal bureaucracy [J]. Organizational Behavior and Human Performance, 1984 (34).

[33] GREENHAUS J H, PARASURAMAN S, WORMLEY W M. Effect of race on organizational experience, job performance evaluations and career outcomes [J]. Academy of Management Journal, 1990 (133).

[34] GUNZ H. Career and Corporate Cultures [M]. Basil Blackwell: Oxford, 1989.

[35] HARVEY E K, J R SCHULTZ. Responses to the Career Plateau [M]. Bureaucrat, 1987.

[36] HERZBERG F, MAUSNER B, SNYDETLNAN B. The Motivation to Work [M]. New York: John Wiley&Sons Inc., 1959.

[37] JAMES W CLARK. Career Plateaus in Retail Management [C]. Annual Meeting of the Association of Collegiate Marketing Educators, 2005.

[38] JI-HYUN JUNG, JINKOOK TAK. The Effects of Perceived Career Plateau on Employees' Attitudes: Moderating Effects of Career Motivation and Perceived Supervisor Support with Korean Employees [J]. Journal of Career Development, 2008, 35 (2).

[39] JOHN W SLOCUM JR, WILLIAM L CRON, RICHARD W HANSEN.

Business Strategy and the Management of Plateaued Employees [J]. Academy Of Management Journal 1985, 28 (1).

[40] JOSEPH J. An Exploratory Look at the Plateausim Construct [J]. Journal of Psychology, 1996, 130 (3).

[41] LEE P C B. Career plateau and professional plateau: Impact on work outcomes of information technology professionals [J]. Computer Personnel, 1999 (20).

[42] LEE P C B. Going beyond career plateau, using professional plateau to account for work outcomes [J]. Journal of Management Development, 2003 (22).

[43] LEE K, PARK H. The impact of career plateauing perceptions on career attitudes among travel agency employees [J]. Journal of Tourism Systems and Quality Management, 2001 (7).

[44] LEMIRE L, T SABA, Y GAGNON. Managing Career Plateauing in the Quebec Public Sector [J]. Public Personnel Management, 1999 (28).

[45] LENTZ E. The Link between the Career Plateau and Mentoring-Addressing the Empirical Gap. M. A. Thesis, Department of Psychology [D]. College of Arts and Sciences, University of South Florida, 2004.

[46] LENTZ E, ALLEN T D. The Role of Mentoring others in the Career Plateauing Phenomenon [J]. Group & Organizational Management, 2009, 34 (3).

[47] MARJORIE ARMSTRONG, STASSEN. Factors associated with job content plateauing among older workers [J]. Career Development International, 2008, 13 (7).

[48] MCCLEESE C S, EBY L T. Reactions to Job Content Plateaus: Examining Role Ambiguity and Hierarchical Plateau as Moderators [J]. the Career Development Quarterly, 2006 (55).

[49] MCCLEESE C S, EBY L T, SCHARLAU E A, et al. Hierarchical, Job Content of Stress, Depression and Coping Responses [J]. Journal of Vocational Behaviour, 2007, 71 (2).

[50] MICHEL TREMBLAY, ALAIN ROGER. Individual, Familial, and Organizational Determinants of Career Plateau: An Empirical Study of the Determinants of Objective and Subjective Career Plateau in a Population of Canadian Managers [J]. Group & Organization Management, 1993 (18).

[51] MICHEL TREMBLAY, ALAIN ROGER, JEAN MARIE TOULOUSE. Career Plateau and Work Attitudes: An Empirical Study of Managers [J]. Human Re-

lations, 1995 (48).

[52] MILLS Q D. Seniority vs. ability in promotion decisions [J]. Industrial and Labor Relations Review, 2008, 38 (3).

[53] MOBLEY W H. Intermediate Linkages the Relationship between Job Satisfaction and Employee Turnover [J]. Journal of Applied Psychology, 1977 (62).

[54] NEAR J P. The Career Plateau: Causes and Effects [M]. Business Horizons, 1980.

[55] NEAR J P. Reactions to the career plateau [M]. Business Horizons, 1984.

[56] NEAR J P. A discriminant analysis of plateaued versus nonplateaued managers [J]. Journal of Vocational Behavior, 1985 (26).

[57] NICHOLSON N. Purgatory or Place of Safety? The Managerial Plateau and Organizational Agegrading [J]. Human Relations, 1993, 46 (12).

[58] ONGORI H, AGOLLA J E. Paradigm Shift in Managing Career Plateau in Organization: The Best Strategy to Minimize Employee Intention to Quit [J]. Africa Journal of Business Management, 2009, 3 (6).

[59] PARK G, YOO T. The impact of career plateau on job and career attitudes and moderating effects of emotional intelligence and organizational support [J]. Korea Journal of Industrial and Organizational Psychology, 2005 (18).

[60] PETER L, HULL R. The Peter Principle [M]. New York: Morrow, 1969.

[61] PETERSON R T. Beyond the Plateau [J]. Sales and Marketing Management, 1993.

[62] ROGER A, TREBLAY M. The Moderating Effect of Job Characteristics on Managers' Reactions to Career Plateau [C]. Retrieved 13th November 2009 from http:ideas.repec.org/p/cir/cirwor. 98s-27.html.

[63] ROSEN B, JERDEE T H. Middle and late career problems: Causes, consequences and research needs [J]. Human Resource Planning, 1990, 13 (1).

[64] ROTONDO D M, P L PERREWE. Coping with a career Plateau: An Empirical Examination of What Works and What Doesn't [J]. Journal of Applied Social Psychology, 2000 (30).

[65] ROTONDO D. Individual-Difference Variables and Career-Related Coping [J]. The Journal of Social Psychology, 1999 (139).

[66] SAMUEL O SALAMI. Career Plateuning and Work Attitudes: Moderating Effects of Mentoring with Nigerian Employees [J]. The Journal of International Social Research, 2010 (3/11).

[67] SHARON G HEILMANN, DANIEL T HOLT, CHRISTINE Y RILOVICK. Effects of Career Plateauing on Turnover A Test of a Model [J]. Journal of Leadership &Organizational Studies, 2008, 15 (1).

[68] SLOCUM J W JR, CRON W L, HANSEN R W, et al. Business strategy and the management of plateaued employees [J]. Academy of Management Journal, 1985 (28).

[69] STOUT S K, SLOCUM J W JR, CRON W L. Dynamics of the career plateauting process [J]. Journal of Vocational Behavior, 1988 (32).

[70] SUGALSKI T D, GREENHAUS J H. Csreer exporation and goal setting among managerial employees [J]. Journal of Vocational Behacior, 1986, 29 (1).

[71] THOMAS P FERENCE, JAMES A STONER, E KIRBY WARREN. Managing the Career Plateau [J]. The Academy of Management Review, 1977, 2 (4).

[72] TREMBLAY M, ROGER A, TOULOUSE J M. Career plateau and work attitudes: An empirical study of managers [J]. Human Relations, 1995 (48).

[73] TREMBLAY M, ROGER A. Career Plateauing Reactions: The Moderating Role of Job Scope, Role Ambiguity and Participating among Canadian Managers [J]. International Journal of Human Resource Management, 2004, 15 (6).

[74] TSCHIBANAKI T. The determination of the promotion process in organizations and of earnings differentials [J]. Journal of Economic Behavior and Organization, 1987 (8).

[75] ULRICH DAVE. Strategic Human Resource Planning: Why and How? [J]. Human Resource Planning, 1987 (10).

[76] ULRICH DAVE. A New Mandate for Human Resources [M]. Harvard, 1998, 76 (1).

[77] ULRICH DAVE, SMALLWOOD NORM. Capitalizing on Capabilities [J]. Harvard Business Review, 2004, 82 (6).

[78] VEIGA J F. Plateaued versus Non-Plateaued Managers Career Patterns, Attitudes and Path Potential [J]. Academy of Management Journal, 1981, 24 (3).

[79] XIE B, LONG L. The Effects of Career Plateau on Job Satisfaction, Organizational Commitment and Turnover Intentions [J]. Acta Psychologica Sinica, 2008,

40（8）.

［80］YEUNG ARTHUR, BROCKBANK WAYNE, ULRICH DAVE. Lower Cost, Higher Value: Human Resource Function in Transformation［J］. Human Resource Planning, 1994, 17（3）.

［81］戴維・沃爾里奇. 人力資源管理新政［M］. 趙曙明, 等, 譯. 北京: 商務印書館, 2007.

［82］段磊. 重鑄HR經理勝任力模型［J］. 人力資源, 2006（17）.

［83］彭劍鋒. 內外兼修十大HR新模型［J］. 人力資源, 2006（8）.

［84］格林豪斯, 卡拉南, 戈德謝克. 職業生涯管理［M］. 3版. 王偉, 譯. 北京: 清華大學出版社, 2006.

［85］廖泉文. 職業生涯發展的三、三、三理論［J］. 中國人力資源開發, 2004（9）.

［86］S E 施恩. 職業的有效管理［M］. 仇海清, 譯. 北京: 生活・讀書・新知三聯書店, 1992.

［87］謝寶國. 職業高原的結構及其后果研究［D］. 武漢: 華中師範大學碩士學位論文, 2005.

［88］林長華. 企業員工職業高原及其對工作績效和離職傾向的影響研究［D］. 長沙: 湖南大學博士學位論文, 2009.

［89］郭豪杰. 職業高原的結構研究及其與工作倦怠的相關［D］. 鄭州: 河南大學碩士學位論文, 2007.

［90］寇冬泉. 教師職業生涯高原: 結構、特點及其與工作效果的關係［D］. 重慶: 西南大學博士學位論文, 2007.

［91］白光林. 職業高原內部結構及其產生機制探討［D］. 廣州: 暨南大學碩士學位論文, 2006.

［92］白光林, 凌文輇, 李國昊. 職業高原結構維度與工作滿意度、離職傾向的關係研究［J］. 科技進步與對策, 2011（2）.

［93］李華. 企業管理人員職業高原與工作滿意度、組織承諾及離職傾向關係研究［D］. 重慶: 重慶大學博士學位論文, 2006.

［94］吳賢華. 某銀行員工職業生涯高原的影響因素結構研究［D］. 廣州: 暨南大學碩士學位論文, 2006.

［95］李爾. IT企業研發人員職業高原現象成因及相關問題研究［D］. 廣州: 暨南大學碩士學位論文, 2009.

［96］謝寶國. 職業生涯高原的結構及其后果研究［D］. 武漢: 華中師範

大學碩士學位論文，2005.

［97］陳怡安，李中斌. 企業管理人員職業高原與工作滿意度、組織承諾及離職傾向關係研究［J］. 科技管理研究，2009（12）.

［98］陳子彤，金元媛，李娟. 知識型員工職業高原與工作倦怠關係的實證研究［J］. 武漢紡織大學學報，2011（4）.

［99］白光林，凌文輇，李國昊. 職業高原與工作滿意度、組織承諾、離職傾向關係研究［J］. 軟科學，2011（2）.

［100］張勉，李樹茁. 雇員主動離職心理動因模型評述［J］. 心理科學進展，2002，10（3）.

［101］趙西平，劉玲，張長徵. 員工離職傾向影響因素多變量分析［J］. 中國軟科學，2003（3）.

［102］張勉，張德，李樹茁. IT 企業技術員工離職意圖路徑模型實證研究［J］. 南開管理評論，2003（4）.

［103］葉仁蓀，王玉芹，林澤炎. 工作滿意度、組織承諾對國企員工離職影響的實證研究［J］. 管理世界，2005（3）.

［104］凌文輇，張治燦，方俐洛. 影響組織承諾的因素探討［J］. 心理學報，2001，33（3）.

［105］劉智強. 知識員工的職業停滯與治理研究［D］. 武漢：華中科技大學博士學位論文，2005.

［106］陳志霞. 知識員工組織支持感對工作績效和離職傾向的影響［D］. 武漢：華中科技大學博士學位論文，2006.

［107］黃春生. 工作滿意度與組織承諾及離職傾向相關研究［D］. 廈門：廈門大學博士學位論文，2004.

國家圖書館出版品預行編目(CIP)資料

企業人力資源管理者：職業生涯發展研究 / 李沫著. -- 第一版.
-- 臺北市：崧博出版：財經錢線文化發行，2018.10

　面；　公分

ISBN 978-957-735-505-8(平裝)

1.人力資源管理

494.3　　　　107015472

書　　名：企業人力資源管理者:職業生涯發展研究
作　　者：李沫 著
發 行 人：黃振庭
出 版 者：崧博出版事業有限公司
發 行 者：財經錢線文化事業有限公司
E-mail：sonbookservice@gmail.com
粉絲頁　　　　　網　　址：
地　　址：台北市中正區延平南路六十一號五樓一室
8F.-815, No.61, Sec. 1, Chongqing S. Rd., Zhongzheng Dist., Taipei City 100, Taiwan (R.O.C.)
電　　話：(02)2370-3310　傳　真：(02) 2370-3210
總 經 銷：紅螞蟻圖書有限公司
地　　址：台北市內湖區舊宗路二段 121 巷 19 號
電　　話：02-2795-3656　傳真：02-2795-4100　網址：
印　　刷：京峯彩色印刷有限公司（京峰數位）

　　本書版權為西南財經大學出版社所有授權崧博出版事業有限公司獨家發行電子書繁體字版。若有其他相關權利及授權需求請與本公司聯繫。

定價：350元

發行日期：2018 年 10 月第一版

◎ 本書以POD印製發行